シリーズ 環境社会学講座

6

宮内泰介・三上直之 編

複雑な問題をどう解決すればよいのか

環境社会学の実践

新泉社

［本扉写真］　霧ヶ峰高原で境界確認を行う牧野農協組合員
（二〇二〇年八月、長野県諏訪市）

複雑な問題をどう解決すればよいのか——環境社会学の実践

目次

序章

複雑な問題をどう解決すればよいのか

環境社会学の視点

宮内泰介

I 現場に根差して問題のとらえ方を変える

II 知識と資源を使って協働のプロセスを生み出す

第4章 多様な人材との共創で価値を転換する

地域に這いつくばって起こす獣がい対策のソーシャル・イノベーション

鈴木克哉 088

III 問題解決のための場をつくる

終章　小さな単位から出発する環境社会学の問題解決　宮内泰介・三上直之　254

*ブックデザイン……藤田美咲
*カバー表写真……鈴木克哉
*本扉写真……茅野恒秀
*カバー袖（表）写真……新泉社編集部・鈴木克哉・宮内泰介
（裏）写真……家中茂・鈴木克哉・山下博美
*カバー裏写真……宮内泰介
*二七〇頁写真……宮内泰介

複雑な問題をどう解決すればよいのか

環境社会学の視点

宮内泰介

1 複雑な問題としての環境問題

環境問題と一般に呼ばれる問題群は、それぞれが複雑な問題の束である。

水俣病は、有害物質による健康被害の問題にとどまらず、チッソという企業と人びととの間の不均衡な関係の問題であり、また、社会的な差別や疎外の問題でもある。一人ひとりの水俣病患者に目を向ければ、それは人生の問題であり、家族の問題でもある(本講座第1巻)。福島原発事故は、エネルギー政策の問題であり、企業と住民との関係の問題であり、科学技術のあり方の問題であり、人びとの間の分断の問題である(本講座第2巻・第3巻)。自然保護は、生物多様性の問題であり、地域の自然資源管理の問題であり、政策と住民の間の乖離の問題であり、価値や規範の問題である(本講座第4巻)。

それゆえ、環境問題は解決が難しい、そもそも何が解決なのかがわかりにくい、「やっかいな問題(wicked problems)」[Rittel and Webber 1973; Brown et al. 2010]である。

環境問題を限定的に考えて、何らかの範囲を設けてしまえば、解決は比較的簡単にできそうに見える。そこで使われる手法は、問題をある範囲のことに限定し、そのうえで問題の構造を明らかにして、それを制度や技術で解決する、という方法である。食の問題を「安全性」の問題として考える。公害問題を汚染物質の規制の問題として考える。エネルギー問題を技術の問題と考える。そうした限定をつければ、あとは、それを解決する法制度を整える、解決する技術を開発する、そして個人に行動変容を促す、ということで問題解決しそうに見える。

しかし、多くの場合、それでは問題の解決にはならないし、そもそも、問題が正しくとらえられていない。なぜだろうか。なぜ環境問題は、技術や制度の問題として解けない複雑な問題なのだろうか。

第一に、環境問題は多層的であり、かつ散在しているためである。何らかの環境問題が、単独の分野として、あるところにまとまった形で存在する、ということはない。問題は、さまざまな社会的事象の中に少しずつ埋め込まれていたり、断片化されたりしている。さらに環境問題は多層的に存在している。グローバルな問題、国レベルの問題、ローカル・レベルの問題、そして個人レベルの問題が、お互いに複雑に絡み合いながら、存在し合っているのである。したがって、ある層で「解決」したと思っても、そのことが全体としては解決になっていないこともあるし、ある層の解決が別の層で新たに問題を引き起こすこともある。例えば、本来は「複雑な問題」である公害問題を、汚染物質の数量規制の問題ととらえ、法制度を整備したことで、かえって問題の長期化や潜在化をもたらすことになった（本講座第1巻）。

第二に、環境問題は、問題そのものの中に不確実性が深く埋め込まれているためである。仮に環境問題が、枠組みのはっきりしたものとして取り出せたとしても、その枠組みの中の問題がすべて科学的に明らかにされることは稀である。日本各地で大きな問題になっているシカの獣害問題（シカが増え、農業被害や森林被害が深刻化している問題）を、シカの個体数管理の問題と限定したとしても、ではシカは現在何頭いるのか、駆除などの政策手段によってどのくらい減らすことができたのかは、どうあがいても正確な数字はわからない。さらには、どのくらいの個体数を目標にするのが適切なのかもはっきりしているわけではない。そもそも農業被害がどの程度起きているのかについても、その正確な把握は難しい。「問題」は日々、量的にも質的にも変化し、それにしたがって、何が解決であるのかもどんどん変化していく。その全体を追いかけることは困難を極める。

環境問題が技術や制度の問題としては解けない複雑な問題である第三の理由は、「環境問題」が、多面的な「意味」の詰まった現実世界の話だからだ。環境問題は、試験管の中の話でもないし、数式の中の話でもない。「意味」によって成り立っている人間の社会の中に存在している問題であり、環境「問題」自体がそうした「意味」の集積である。

多面的な「意味」の存在は、まずは多様なステークホルダー（利害関係者）として立ち現れる。ある

「環境問題」について、その特定の側面に注目する人たち、別の特定の側面が大事だと考える人たち、そもそもそんな問題の存在を認めない人たち、そうした、多様な「意味」を付与している人びとが、ステークホルダーとして存在しているのである。そして、ステークホルダーは同じ平面に並んでいるとは限らない。ステークホルダー間の関係は、しばしば不均衡な力関係の中にあり(例えば行政と住民との関係)、強い立場の「意味」と弱い立場の「意味」とが並存している。さらには、一個のステークホルダーとしてまとめられる人びとの中にも細かな認識の違いがあり、また、一人の個人の中にも複数の「意味」、場合によっては相対立するような「意味」が共存している。さまざまな場面で、複数の「意味」が折り重なっており、さらにいえば、それぞれの「意味」自体も、輪郭のはっきりしない曖昧なものであることが多い。それが意味世界としての現実世界の姿であり、また現実の中の「環境問題」である。

不確実性が高く、問題が多層的で、かつ散在しており、さらに多面的な「意味」の中に存在している。それが「環境問題」というものならば、そもそも何が「問題」で何が「解決」なのかもはっきりしないものだといえる。「解決」はますます困難に見える。

それでもしかし、私たちは解決を目指したい。問題を恣意的に限定せず、全体を見ながら、そして、いったい「何が問題なのか」「何が解決なのか」を絶えず問いながら、解決を目指す。

そうした解決を目指したときに環境社会学が方法論の中心に置くのは、まず現場に立つ、ということである。まずは人びとの生活レベルから問題を見る。そして、そこから解決を考える。

2 まずは現場の意味世界から考える

環境問題を現場から考えるということの意義は何だろうか。

まず、その問題がいったいどういう問題なのかを、人びとが現実に生きている場からとらえ直す、ということである。

例えば汚染の問題として外部から語られる問題の現場に行くと、その汚染の問題と地域の中での問題とが密接に結びついていることがわかる。実は地域での汚染問題は、環境そのものの問題というより生活の問題、あるいは人びとの間の公正の問題として存在していることを知る。そのことがわかるのは、地域で「聞く」という営みを繰り返すことによってである。聞いて、人びとの意味世界を理解するなかで、見えてくる。意味世界とは、一人ひとりから見えている世界であり、一人ひとりが体験している世界である。その意味世界に分け入ることで、初めて問題が見えてくる。

見えてくるのは、人びとの日常的な営みであり、そこに存在している意味世界であり、人びとが生活をしているその全体である。そこから「問題」がどう見えるのかに、私たちはまず注目する。人びとの生活や生業、人びとの思いや意識に注目してみることによって、問題の全体性、問題の多面性が見えてくるし、また、気づかなかった問題も浮かび上がってくる。

そうやって人びとの意味世界に焦点を当てたとき、複数の意味世界が同時に存在していることにも気がつく。同じ地域に生きていても、人によって世界の見え方は違い、問題のとらえ方は違う。そうした多様な声（多声性）が、問題解決を考えるときには重要になってくる。

さらに、そうした意味世界はただ平面的に広がっているのではなく、スケールごとに広がっていることにも気がつく。狭いローカルな世界での意味世界（もちろんそこでも複数の意味世界が存在している）、もう少し広い世界での意味世界、そして地球規模での意味世界、と多層的に広がっているのである。また、意味世界と意味世界の間は単なる並列関係ではなく、不均衡な関係にもある。力を持っている意味世界（つまり支配力を持っているフレーム）がある一方、表に出てきにくい意味世界もある。とくに、そうした表に出ることの少ない意味世界を表に出すことが、本当の問題解決にとって必須である。

そして、環境問題を現場から考えるということの重要性の第二は、実はその問題解決のヒントが現場の中にすでに存在しているということである。

外から「解決策」を持ち込もうとしたときに、実は「解決策」はそこにすでに存在していることに気がつくことがある。現場では現場の解決の技法を持っている。地域は地域の合意形成の技法を持っている。人びとはその問題について、地域の視点、地域の技法で解釈をしているし（生活知）、知識をローカルに生産している。そうしたものに気がつかないで、外から「効果的」な技法を持ち込もうとしても、失敗することが多い。それぞれの現場が歴史的に蓄積してきた文化や知識、技法にまずは目を向ける必要がある。

3 公共圏の活性化

そうやってローカルな当事者の視点から問題をとらえ直し、さらに地域の中にある解決の技法を浮かび上がらせたうえで、さて、どうやって解決の道筋を立てていけばよいのだろうか。多層的であり、意味にあふれた世界であるこの現実世界の中で「解決」を考えるとき、どこからどう手をつければよいのだろうか。

不確実性の中で、「意味」に満ちあふれており、それらの「意味」が錯綜しているのであるならば、まずはその多様な意味をぶつからせて、そこから解決を図る、という方法が中心に置かれるべきだろう。つまりは、公共圏を活性化させるということである。片方の「意味」だけで、とくに力がある側の「意味」だけで解決を図ろうとするとき、解決が得られないどころか、しばしば抑圧にもなることを私たちは歴史的によく見てきた。公共圏を活性化させ、多様な声、とくに弱い声、小さな声を表に出しながら、解決を探る。

力を持った者同士がつくり出す狭い公共圏ではなく、本当の公共圏をつくり出していくには、弱い立場の者たちを含めた多様なステークホルダーをつなげていく必要がある。見えないものを見える形にし、聞こえない声を聞こえる形にすることが重要である。

「聞こえない声」というのは、その問題に関する「意見」だけを指しているのではない。そこに住む者、そこに関わる者たちが積み上げてきた知識や技法、社会関係などを含む。そうしたものを表に上げながら公共圏をつくり出していくのである。

4 解決のための社会技法を探る

しかしながら、ただ「公共圏をつくり出そう」とお題目を唱えても、それは実現できない。公共圏をつくり出して活性化させ、それを解決に結びつけていくためには、さまざまな社会技法が必要になってくる。

そのような社会技法の第一は、さまざまなモノやコト、人を動員することである。問題解決のために重要なのにこれまで解決への道筋に入っていなかったようなモノやコト、そして人を表に出し、それを「使える」状態にする、つまりは資源化することである。

例えば、人びとの生活知を表にする、生活知と科学知をうまく出合わせて新しい知をつくっていく、といったことがこれに当たる。あるいは、「よそ者」としての専門家は、そのままでは問題解決の資源とならないことも多いが、専門家が何らかの形で地域と関わるなかで、または「土着化」するなかで「使える専門家」になっていく。佐藤哲は地域社会の生活者として問題に関わる「レジデント型研究者」の重要性を唱えた［佐藤 2016］。これも問題解決への資源化の一つである。

さまざまなものが問題解決のための資源になりうる。ある問題について対立があるとすれば、それは双方に強い関心を持つ人たちがいるということであり、その人たちの関心そのものが、実は、問題解決のための重要な資源だとみなすことができる。本書第4章では、獣害という事象を資源として使うという逆転の発想で地域の課題を解決する方策が議論される。

公共圏を活性化させるための第二の社会技法は、人と人、ステークホルダーとステークホルダーをつなげる技法である。

本書第8章で議論されるような、無作為抽出で集められた人が問題について議論するというミニ・パブリックスや、第7章で議論される、再生可能エネルギーの適地抽出(ゾーニング)へ向けた話し合いの場づくりは、そうした社会技法の一つである。物理的に話し合いの場を設けるというだけでなく、さまざまな形で人と人が出会う場をつくる、さまざまな場での話し合いを広げる。そうした多様な方法で人と人、ステークホルダーとステークホルダーが出会う場所を数多くつくっていくことが、複雑な問題をひもとき、解決していくための必須のプロセスになる。

環境問題については、長い歴史を持ったさまざまな社会運動が存在している。実のところ、それらは、多様な資源を動員し、人と人をつなげながら公正な公共圏をつくり上げようとする営みだったととらえることができる。不均衡な力関係の中で、弱者の声を吸い上げ、正義を求める社会運動が、状況が変化するなかで、合意形成の場づくりに向かったことも少なくない。社会運動と合意形成の場づくりは、連続したものととらえることができる。本書で取り上げるさまざまな解決への取り組みが、運動的な側面と合意形成の場づくりの側面の両方を持ち合わせているのはそのせいである(例えば第3章の歴史的景観の保全問題の事例や、コラムBにみる防潮堤問題の事例)。

そのような場をつくる人、人と人をつなぐ取り組みを行う人の存在自体もまた重要である。場をつくる人、人と人をつなぐ人(オーガナイザー)、話し合いをサポートする人(ファシリテーター)、あるいは「意味」と「意味」、知識と知識を翻訳しながらつないでいく人(「トランスレーター」[佐藤 2016])。そうした人が存在すること、そうした人を配置することも、有効な公共圏をつくり出すための社会技法である。

もちろん、そうした場、そうした「つなぐ人」は、ただ外から注入すべきものではなく、実はもともとその現場に潜在的に存在していることも多い。それを表に出して再配置することもまた重要な社会技法だろう。

現代世界の多くの場面で私たちが直面しているのは「分断」である。福島原発事故がもたらした被害のうち、最大のものが「分断」であった(本講座第3巻)。避難する人、留まる人、戻る人、戻らない人、放射能汚染を話題にしようとする人、しないという選択をした人、人びとの間のさまざまな分断がもたらされ、対話が遮られた。それは、これまでの多くの公害や環境問題が経験してきたものでもあった(本講座第1巻)。

環境問題を解決するための社会技法は、そうした分断を防ぐ、あるいは分断の修復を指向するものでもなければならない。それは信頼を再構築していくプロセスでもある。

5 プロセスとしての「解決」

環境問題解決のための社会技法は、他にも、社会実験(第7章)、共通目標の設定、さまざまな「学び」、評価(コラムC)など、さまざまにありうるだろう。どういう社会技法が有効かは、環境問題の性質によって、またそのステージによって変わってくる。最初から正解の方法が決まっているわけではなく、そのつど、創意工夫しながらつくっていくべきものだろう。

「やっかいな問題」は、単なる「複雑な問題」でなく、「最終的な解決のない問題」である[Rittel and Webber 1973]。自然科学的な問題と違って、社会的な問題はすべからく、何か解決したらそこからまた別の問題が生まれる、そういう類の終わりなき問題である。

とすれば、大事なことは、状況に合わせた社会技法をつくり出していくことであり、実行し続けることだろう。試行錯誤から生み出された技法も、そして失敗もまた資源化しながら、プロセスそのものは維持し続けること。「解決」とは実はそういう不断のプロセスそのものだともいえるのである。それは同時に、何が問題なのか、何が解決なのかを検証し続けながら、順応的に解決方法を問い続け、考え続けるプロセスでもある。

環境社会学が実践的な学問として目指してきたのは、以上のように、現場に立つことから始めて、多義的な問題認識を前提に、さまざまな社会技法を使いながら公共圏を活性化させ、解決へ向けた不断のプロセスを生み出そうというものである。本書の以下の各章・各コラムでは、それが、それぞれのテーマでそれぞれの現場から、具体的に論じられる。

I

現場に根差して問題のとらえ方を変える

第1章

「生活」の論理から基地問題の解決を考える

辺野古住民が望む未来の選択へ

熊本博之

1 それぞれにとっての普天間基地移設問題

沖縄が日本に「復帰」して五〇年以上が経った今でも、沖縄には米軍専用施設、すなわち在日米軍基地面積のほぼ七割が集中している。基地が周辺地域にもたらす被害はさまざまあり、環境への被害に限定しても、戦闘機の離発着に伴う騒音や振動、基地内で使用される化学物質による土壌汚染や水質汚染が、沖縄の人たちの生活を日々脅かしている。さらに、日米地位協定のもと管理運用されている米軍基地には基本的に国内法が適用されず、立ち入り許可なども米軍の裁量に任されているため、これらの被害を抑制することも困難な状況にある。

こうした沖縄の基地負担を軽減するため、沖縄県宜野湾《ぎのわん》市の中心部に建設され、学校や市役所などの公共施設、および多くの住宅が周辺に広がる「世界一危険な基地」ともいわれる米海兵隊基地、普天間《ふてんま》飛行場の返還が日米両政府によって合意されたのは、一九九六年四月のことであった。しかし返還には、沖縄県内に代替施設を建設して移設するという条件がついていた。そして移設先となった名護《なご》市辺野古《へのこ》では、普天間代替施設という名の新たな基地の建設工事が進んでいる。

多くの環境問題が多層的であるように、普天間基地移設問題も多層的である。日本の内政問題だとして静観している米国政府を除けば、日本国内における主なアクターは日本政府、沖縄県、そして辺野古の住民ということになるが、三者はそれぞれこの問題を異なる問題として経験している。

まず日本政府にとっては国防の問題であり、そして日米間で合意されていることから外交の問題でもある。国防も外交も国家の専管事項だという論理のもと、政府は普天間基地の移設計画を進めてきた。また国内政治の観点からは、地方自治体を国の政策にどう組み込んでいくかという統治の問題でもある。

一方、沖縄県にとっては政治の問題であり、自治の問題である。とくに二〇〇五年一〇月、「日米同盟――未来のための変革と再編」が日米間で合意されたことにより、普天間代替施設の建設が、世界規模で進められている米軍再編計画に組み込まれて以降は、機能強化された新たな基地＝辺野古新基地を建設し、米軍再編に協力することが目的となっており、普天間基地を返還するという基地負担軽減の側面は後景に下がっている。

それゆえに沖縄県民は、県知事選挙や国政選挙をはじめとするさまざまな選挙を通して何度も反対の意思を示してきた。だが政府は、第二次安倍政権（二〇一二年一二月成立）以降に顕著なように、移設の進展につながる選挙結果になったときだけ沖縄の民意を汲み取り、反対の民意は一度も政策に反映させていない。この「自治の侵害」ともいうべき現状が、政府と沖縄との間に対立を生み出している。

これに対して辺野古の住民は、この問題を生活の問題としてとらえている。基地が建設されようがされまいが、住民にとって辺野古は「生活の場」である。そして辺野古住民は、辺野古での生活を守るために、普天間代替施設＝辺野古新基地の建設を条件つきで容認するという選択をしている。

なぜ辺野古は、県内世論の多数が反対するなか、自らの生活環境の悪化につながる基地の建設を、「生活を守るため」という理由で容認するに至ったのか。この矛盾を理解するためには、辺野古の「生活」の論理を理解する必要がある。そのために本章ではまず、一九五〇年代後半に辺野古に建設された米海兵隊基地キャンプ・シュワブと辺野古住民との関係について描き出していく。続いて、辺野古が「基地の街」としての歴史を歩むなかでつくり上げてきた「生活」の論理が、新たな基地の建設容認という選択につながっていることを指摘したうえで、辺野古にとっての「解決」のあり方を探っていく。そして、その探究の過程において研究者が果たしうる役割についても考えていきたい。

2 キャンプ・シュワブと歩んだ辺野古の歴史

辺野古へのキャンプ・シュワブの建設は、まだ沖縄がアメリカの施政権下にあった一九五五年七月、米軍による統治機関である琉球列島米国民政府(米民政府)が、基地建設のための土地接収を久志村《くしそん》(現・名護市東部、含む辺野古)に要請してきたことに始まる。

この当時、沖縄では、これ以上の米軍基地の拡張を阻止するため「島ぐるみ」での抵抗運動が展開されていた。だが久志村議会は、辺野古選出の議員や住民代表の意見も聞きながら慎重に審議したうえで一九五六年一一月二六日、接収要請を受け入れると決議し、一二月二八日には米民政府と土地賃貸契約を締結する[熊本 2021, 2022]。

なぜ久志村、そして辺野古は、米軍基地拡張阻止という県内の趨勢に反して、土地の接収を認めたのか。それは、辺野古での暮らしをこの先も続けていくためであった。

当時の久志村の主な産業は林業であった。集落の裏手にある辺野古岳、久志岳に入って木を伐採して薪《まき》にし、那覇など都市部の人たちに燃料として売っていたのである。米軍が接収しようとしていたのはその山林だった。つまり接収されてしまえば、村民の多くが生業を失うことになる。そのため当初は久志村も辺野古住民も接収に反対している。だがその一方で、燃料が今後、薪からガスや石油に替わっていくであろうことは、この時点でも見えていた。このまま「山依存」の生活を続けていくことが困難であることもわかっていたのである。

写真1-1　線引きされた航空写真
出所：辺野古区編纂委員会編［1998: 27］

しかも米軍に抵抗したとしても接収を阻止できる保証はない。**写真1-1**は、当時の辺野古集落を撮影した航空写真である［辺野古区編纂委員会編 1998: 27］。米民政府は、この写真を辺野古に提示しながら、建ち並ぶ住宅と、その裏手にある畑地との間にマジックで線を引き、「もしこれ以上反対を続行するならば、部落地域も接収地に線引きして強制立退き行使も辞さず、しかも一切の補償も拒否する」［辺野古区編纂委員会編 1998: 632］と勧告しているように、強制接収の可能性まで示唆したのである。

こうしたさまざまな状況を勘案したうえで、辺野古の住民は、辺野古での生活を維持していくために、米軍と土地賃貸契約を結んで土地の賃借料である軍用地料を獲得しつつ、「山依存」の生活をあきらめ、「基地の街」として生きていくことを決断したのだ。

こうして一九五九年一〇月に完成した基地が

キャンプ・シュワブである。そのシュワブは辺野古に大きな発展をもたらした。まず基地建設の過程では、住民が建設労働者として雇用されるのみならず、他地域から集まってきた労働者のために空き部屋や庭につくった簡易的な住居を貸すことで、多くの住民が賃借料を得た。また飲食店も数多く開業し、さらには集落の北側にある斜面が宅地造成され、そこに特飲街の「辺野古社交街」も誕生した。そしてシュワブ完成後は米兵たちが社交街に集まり、多くのお金を落としていった。

写真1-2　沖縄相撲（角力）を観戦する米兵たち
撮影：筆者

　これに伴って辺野古の人口は急速に増えていく。基地建設が始まる前の一九五五年には五二二人だった人口が、完成した一九五九年には一三八六人に、そして一九六二年以降は二一〇〇人台を維持している。ここにシュワブに駐留する米兵も加わるため、集落は人であふれかえった。

　だが、一九七一年の変動相場制導入によるドルの切り下げ、一九七五年のベトナム戦争終結を経て、辺野古は次第に衰退していく。その一方で存在感を増しているのが軍用地料だ。とくに辺野古は、住民の入会地《いりあいち》であった山林もシュワブに提供しているため、年間二億円に及ぶ地代が辺野古区の歳入に組み入れられ[1]、地域の祭礼や行事、子どもたちの育成費などに使われるほか、生活支援金の名目で住民に直接還元されている。

このようにシュワブは、辺野古の「生活」に大きな影響を及ぼしている。ここに日常的な米兵との交流や地域行事への米兵の参加といった文化面における影響も加わることで、シュワブは辺野古集落に組み込まれたような状態になっている（写真1―2）。そのことを象徴するのが「辺野古一一班」というシュワブの位置づけだ。辺野古集落はエリアによって一〇の班に分かれているのだが、シュワブは一一番目の名誉班であり、実際に班の旗も贈られている。

こうして辺野古は、シュワブを内部に組み入れながら、「基地の街」として六〇年以上の歴史を歩んできた。それは住民たちが、この辺野古という土地で生きていくためにつくり上げてきた「生活」の論理でもある。それゆえに普天間基地移設問題への応答も、この論理に基づいてなされていくことになる。

3 受け入れ容認の理由と建設に反対できない理由

辺野古の地域としての意思決定は、区長や班長ほか一八人の住民によって構成される辺野古区行政委員会でなされる。この行政委員会は一九九六年六月、辺野古が建設予定地の候補になった当初は反対決議を出している。しかし、一九九八年二月の名護市長選挙で建設容認派の市長が誕生したあたりから次第に容認へとシフトしていき、一九九九年の年末に市長が条件つきながら受け入れを表明したことで、二〇〇〇年一月には、「住民が不安にならないよう、辺野古にとって有利になるような条件を整備していく必要がある」という、事実上の容認決議を行っている。

そして普天間基地の沖縄県外への移設を模索していた民主党鳩山政権が県外移設を断念した二〇一〇年五月、行政委員会は、条件つきで辺野古への基地建設を容認することを決議する。「容認」という言葉を用いた決議を出すのはこのときが初めてであり、以後、この決議は撤回されていない。

なぜ行政委員会は、早々に抵抗をあきらめ、条件をつけたうえでの受け入れという決断をしたのか。それはやはり、シュワブ受け入れのときと同様、「生活」を守るためであった。

まず、新たに建設されようとしている基地は、飛行場を持たないシュワブとは異なり、戦闘機が離発着する滑走路を備えた基地であるため、建設後、辺野古の住民は騒音や墜落の危険にさらされることになる。そのため行政委員会としては、住民に危険を及ぼさないことを条件として提示し、確約をとることで、安全の保障を図る必要がある。

また、そうした確約を得たうえでなお、完全にはなくすことのできない騒音被害や事故のリスクを受忍することへの代償を得ることも、住民のその後の生活にとって重要だ。建設された地域への財政的な補償が制度化されている原子力発電所とは異なり、米軍基地の受け入れ地域は、政府と交渉して振興事業や交付金を獲得することではじめて補償を得ることができる。つまり交渉しなければ、辺野古は「やられっぱなし」になってしまうのである。そして交渉するためには、条件が満たされた場合には受け入れを認めるという意思を示しておかなければならない。だから行政委員会は「条件つき受け入れ容認」を決議したのだ。

　このように辺野古は、シュワブを受け入れたときと同様、新たな基地についても交渉したうえで受け入れようとしている。たしかに安全面での保障を政府や米軍に確約させることは必要だし、負担の増加に対する経済的な補償を求めることも当然の権利である。しかし、いくら交渉したとしても米軍が約束を守らないであろうこと、日本政府が米軍を制御できないこと、そして経済的な補償が危険をなくしてくれるわけではないことは明らかである以上、新たな基地が建設されてしまえば、辺野古住民の生活は危険にさらされる可能性は限りなく高い。

　つまり受け入れを容認して条件交渉を進めるという行政委員会の選択は、短期的には合理性があるかもしれないが、その選択は結果として、「辺野古で安心して生活を営み続ける」という未来の実現を遠ざけてしまっている。そしてそれは、辺野古が自ら選んだ未来なのである。

　だからここで考えなければならないのは、辺野古が普天間代替施設＝辺野古新基地の受け入れに反対し続けることができなかった理由である。もちろん、移設反対派の名護市長や沖縄県知事はおろか、県外移設の実現に向けて尽力した総理大臣でさえ辺野古移設の流れを止められなかったことに鑑みれば、自分たちが反対したところで事態は何も変わらないと辺野古が判断するのも致し方ないとはいえる。だが、たとえ建設を止められる可能性がきわめて小さいとしても、反対の意思を表明することはできるし、それは決して無意味なことではない。しかし辺野古は、「自分たちの生活を守るために反対する」という選択を維持することができなかった。

　なぜできなかったのか。その原因もやはり、シュワブにある。

シュワブを受け入れた辺野古は、「基地の街」として発展した。さらにシュワブは、多額の軍用地料収入も辺野古にもたらしてくれている。その結果、たしかに辺野古の人たちの生活は豊かになった。だが同時に辺野古は、シュワブに経済面で依存することになってしまった。そのため辺野古の人たちにとってシュワブは、簡単には否定できない存在になっている。

そのことを象徴しているのが、一九九七年一月、普天間代替施設の建設に反対する辺野古住民が結成した住民運動組織「ヘリポート建設阻止協議会・命を守る会」である。この住民組織の目的は、名称に記されているように、ヘリポート＝普天間代替施設の建設を阻止することである。つまり、シュワブについては何も言及していないのである。さらなる基地負担が課されることに対する反対運動であれば辺野古住民も参加できるが、すでにあるシュワブへの反対を主張することは難しかったということなのだ。

また、辺野古区に入る軍用地料は、経済的な依存を生み出しているだけではなく、地域の権力構造にも影響を及ぼしている。それは、軍用地料収入を生み出している山林が、もともとはシュワブ建設以前から辺野古に住んでいた人たちの子孫である「旧住民」の入会地であったことによる。

先述したとおり、シュワブ受け入れに伴い、辺野古の人口は増えた。この、シュワブ建設が始まってから仕事を求めて辺野古に移住してきた人たち、およびその子孫のことを、辺野古では「寄留民」と呼び慣わしており、現在も住民の一定の割合を占めている。だが、辺野古区に入る軍用地料の使途については、旧住民が裁量を握っておくべきだという認識があるため、寄留民の集落内での地位は相対的に低いものとなっている。例えば寄留民から区長が選出されたことはこれまで一度もないし、行政委員会の過半数は必ず旧住民が占めるように調整されている。

その結果、辺野古の意思決定には旧住民の意向が強く反映されることになる。そしてその旧住民は、寄留民よりも、シュワブへの依存の度合いが強い。なぜなら一九七〇年八月に久志村が周辺の町村と合併して名護市になる直前に、軍用地として提供している入会地の一部を分筆して旧住民に分配しており、その結果、旧住民は皆、軍用地主になったからだ。(2) さらに個人で所有していた土地をシュワブに提供している旧住民もおり、かれらは当然、その土地に支払われる軍用地料を受領している。

このようにシュワブへの依存度の強い旧住民が辺野古区の意思決定を実質的に担っているため、基地に反対するような決定がなされることは、それが新たな基地負担の増加につながるものであったとしても、なかなかなされないのである。これはシュワブが辺野古にとって「財源」になったからこそ生まれた問題なのだといえよう。

そしてもう一つ指摘しておかなければならないのは、シュワブが、辺野古にとっての生業であった林業を奪ったことである。薪からガスや石油へというエネルギーシフトの到来が間近に控えていたとはいえ、辺野古はシュワブの受け入れと引き換えに生業を手放した。つまり、自然からの恩恵を得ながら、自分たちの力と技法で生活を営んでいくことができなくなったのである。山林とは違い、米軍基地は自分たちの力と技法だけでは制御できない。そのようなものから生活の糧を得ることになったことで、辺野古は、基地によって左右されてしまう、基地に依存した地域になってしまったのである。(3)

このようにシュワブは、辺野古から基地に反対するという選択肢を奪ってきた。ゆえに辺野古は、自分たちの生活を危うくする可能性の高い辺野古新基地の建設に反対し続けることができず、「辺野古で安心して生活を営み続ける」という未来を選べずにいるのである。

4　辺野古にとっての「解決」と研究者の役割

以上、辺野古の住民が「生活の場」としての辺野古を守っていくため、「生活」の論理に基づきながらシュワブ、そして普天間基地移設問題にどう対処してきたのかを見てきた。そこで確認されたのは、辺野古での生活を守り、維持していくために受け入れたシュワブの存在が、辺野古新基地の受け入れに反対することを困難にしており、結果として辺野古の生活を守ることが難しくなっているという皮肉な構造である。

この構造の中で辺野古は、短期的な合理性に基づいて「条件つき受け入れ容認」という選択をするしかないという状況に陥っている。そしてその結果、「辺野古で安心して生活を営み続ける」という長期的な合理性に基づいた選択ができずにいる。この状況を打開するためには、何が必要なのだろうか。

まず、この構造の根底に、沖縄への在日米軍基地の集中という問題があることは指摘しておかなければならない。国土の〇・六％の面積しかない沖縄に、在日米軍専用施設面積の七割が集中している状況の不公正さは、どのような理由をもってしても正当化しえない。

しかも、沖縄の基地負担軽減策として日米で合意されたはずの普天間基地の返還は、辺野古への新しい基地の建設にすり替わってしまった。にもかかわらず政府は、「普天間基地の危険性を除去するためには辺野古移設が唯一の選択肢」だとの主張を変えることなく、あくまでも沖縄の基地負担軽減策として辺野古移設を進めることで新基地の建設を正当化しており、沖縄が何度も示してきた反対の意思は一顧だにしていない。

だが、そのような政府の姿勢を非難する本土の声は、大きなものとはいえない。二〇一四年一一月、辺野古移設反対を掲げて立候補した翁長雄志《おながたけし》（一九五〇―二〇一八）が県知事に当選した三日後に海上での工事を再開しても、二〇一九年二月、四三万人もの有権者が埋め立て反対に票を投じた県民投票の翌日に土砂を投入しても、内閣支持率に大きな変動は起きなかった。

それは、普天間基地移設問題をはじめとする沖縄の米軍基地に関する問題を「沖縄の問題」だととらえ、他人事のように感じている人たちが、本土における多数派であるからだろう。だが、これは安全保障に関わる問題である以上、日本全体で考えるべき問題であって、決して他人事ではない。

このような本土側の課題があることを確認したうえで、改めて辺野古に視点を戻そう。前節で見てきたように、辺野古が新基地の建設に反対できない原因は、シュワブの存在にある。ゆえに、自分たちにとってシュワブとは何なのかを問い直していかなければ、「辺野古で安心して生活を営み続ける」という、辺野古にとっての「解決」は見えてこない。

だが、建設から六〇余年が経つシュワブは、辺野古住民にとって当たり前の存在となっている。

そのため、自分たちの生活や考え方にシュワブが及ぼしている影響を自覚するためには、客観的な視点からシュワブと辺野古の関係を振り返ってみる必要がある。実はここに、筆者のような研究者が果たしうる役割がある。

筆者はこれまで、二〇〇三年から継続的に辺野古集落を訪れ、聞き取りを進めながら辺野古の「生活」の論理をとらえるための調査を続けてきた。そして調査の成果を、書籍や論文などの形で発表したり、新聞や雑誌などに寄稿したりしてきた。

これらの成果物は、学界や世間一般に向けて書かれたものであるのと同時に、辺野古の人たちに向けて書いてきたものでもある。辺野古という地域がどのような歴史を歩んできた地域であるのか、どのように普天間基地移設問題と向き合ってきたのかを客観的に描き出すことを通して、自分たちが置かれている状況を辺野古の人たちに伝える。その目的は、辺野古の人たちが、自分たちに見えている「合理性」を見直す契機にしてもらうことにある。

シュワブ建設の経緯、完成後の「基地の街」としての盛衰、シュワブからもたらされる軍用地料、米兵たちとの日常的な交流など、辺野古とシュワブとの間で繰り広げられた歴史と、その結果としての現在の状況をつなげて見ていくことで、辺野古の人たちがシュワブについて、そして普天間基地移設問題への応答について、反省的にとらえ返していく。こうした「問い直し」が辺野古の人たちによってなされない限り、「辺野古で安心して生活を営み続ける」という、長期的にみたときに最も合理性の高い未来の実現に向けた選択が辺野古によってなされる可能性は生まれてこない。

もちろん「問い直し」は、辺野古の人たちが主体的に行うことである。研究者にできるのは、「問い直し」をする際の材料になるような知識や情報を研究成果として残しておくことでしかない。ただ、その研究成果は、辺野古の「生活」の論理をとらえたものでなければならない。そうでなければ、辺野古からの信頼は得られず、材料としても使ってもらえないだろう。これからも辺野古で暮らし続けていく人たちにとって、辺野古の「生活」を見ることなく導き出された知識や情報は、何の役にも立たない。つまり「生活」の論理をとらえることは、研究成果を使ってもらうためにも必要なことなのである。

二〇二三年現在、辺野古の海には、建設後の基地を守るためにつくられた護岸が張り巡らされ、その内側では土砂の投入が進んでいる。だが埋め立ては比較的浅瀬の部分で進んでいるだけであり、完成までにはまだまだ長い時間がかかる。それに建設予定海域にある軟弱地盤の改良ができなければ、そもそも基地が完成しない可能性すらある。いずれにせよ辺野古住民は、これからも長期間にわたって普天間基地移設問題と対峙していかなければならないことに変わりはない。

その長い時間のなかで、辺野古をめぐる環境は、これからもさまざまに変化していくだろう。その変化にあわせて、辺野古は、自分たちの「生活」を守るための判断をし続けていくことになる。その判断や、自分たちが置かれている状況の「問い直し」の材料となるような知識や情報を、辺野古の「生活」の論理に基づきながら生産し続けること。「生活」の論理に基づいた「解決」のあり方について、辺野古の人たちと探っていくこと。このような営みの先にしか、安心して生活を営み続けることのできる辺野古の姿は見えてこないのではないだろうか。

註

(1) この山林の法律上の所有者は名護市だが、本来は辺野古区が所有している土地であることから、名護市林野条例によって軍用地料収入の六割が名護市に、四割が辺野古区に分配されている。辺野古の軍用地料収入は約二億円なので、名護市は約三億円の軍用地料を得ていることになる。

(2) なお、分筆された軍用地を売却している旧住民もいるため、すべての旧住民が現在も軍用地主であるわけではない。

(3) 漁業も辺野古における生業の一つである。だが、沖縄では専業の漁師(ウミンチュ)は他地域から移り住むケースが多く、辺野古も同様である。もっとも、専業ではなくても海に出て魚介類を獲る住民は多く、「マイナー・サブシステンス」[松井 1998]としての関わりは大きかった。なお現在もウミンチュはおり、漁業も行っているが、すでに漁業補償を受け取っているなど、辺野古集落の中ではやや特殊なポジションにある。

第2章

生業の論理から林業と中山間地域の課題を考える

「林業を始める若者たち」にみるボランタリーな生活組織への注目

家中 茂

1 森林・林業問題への新たなアプローチ――「生業」の論理から

日本は世界でも有数の森林に恵まれた国であり、国土面積の約七割を森林が占める。しかし、その森林は必ずしも有効に利用されているわけではなく、国内の木材利用の七割は輸入に頼っている。そこでこの森林資源を生かそうと、国の政策として林業の成長産業化が目指されている。森林面積が多くを占める中山間地域では過疎化・高齢化が著しく、林業の拡大のためには、いきおい森林の大規模集約化と大型林業機械の導入が求められることになる。しかしながら、この政策は果たして中山間地域の暮らしを支えていくことに結びつくのだろうか。皮肉にも豊かな資源に恵まれているにもかかわらず、その近くに居住している人びとは恩恵を得られず、むしろ貧困な状態に陥っているという「資源の呪い」(1)［佐藤仁 2016］が、別の形で森林豊かな日本の中山間地域でも生じてはいないだろうか。森林や農地は担い手を失い放置されて荒廃し、さらに近年の豪雨に伴う水害の頻発はなおさらそのような思いを抱かせる。

このような矛盾を抱えた現代の森林・林業をめぐる状況に対して、本章では、産業の論理に換えて、地域に居住して森林を利用しながら生活を営むという「生業」の論理からのアプローチを考えてみたい。それは、次のように地域にいかに「転換力」を養うかという問題関心に結びつく。

森林という資源からさまざまな財を取り出すことは、「自然の資源化」過程の中に位置づけられる［佐藤仁 2016］。そのとき自然を資源や財に「転換」する技術や制度がどのように備わっているか、「転換」を可能とする人材や社会関係がどのように形成されているかが、地域の豊かさや持続性を条件づけることになる。例えば同じく森林を林業として利用するにしても、現在の林業政策のように大規模集約化と大型林業機械導入による「短伐期皆伐《かいばつ》」施業の林業か、それとも小規模で小型林業機械と小径高密度路網導入による「長伐期多間伐《たかんばつ》」施業の林業かによって、生産される木材にも、それ以上に森林生態系に与える影響にも違いが生まれてくる［家中 2018］。そのどちらが、持続的な林業経営に基づき中山間地域の暮らしを支えることにつながるだろうか。このことは制度や政策にも当てはまり、地域の側から制度や政策をいかに使いこなせるか、「転換力」が鍵となる(2)。

豊かな森林資源を中山間地域の暮らしを支えるために生かすには、地域に「転換力」を養い、その「担い手」を育むことが重要となる。本章では、鳥取県智頭町《ちづちょう》の「林業を始める若者たち」を取り上げて、どのようにして地域に根差した森林・林業の担い手が生まれ、「生業」の論理が地域問題の解決へとつながっていくのか、その道筋を考えてみたい。

2 担い手からみる森林・林業政策の変遷――「第三世代」の出現

まず、これまで国の林業政策において「担い手」がどのように位置づけられてきたかをみておこう［佐藤宣子 2016; 泉 2018］。

戦後復興期（一九四五～一九六〇年）、一〇〇〇万ヘクタールに及ぶ拡大造林を担ったのは、自ら所有する森林で林業に携わる農家、すなわち農家林家であった［佐藤 2014］。次に高度経済成長期（一九六〇～一九七五年）、林業の大型化・機械化を担ったのは、農家林家を集合させた森林組合であった。そして現在、林業の成長産業化を担うのは、素材生産業者である。素材生産とは、立木（樹木）を伐採して素材（丸太）に加工し、原木市場等に運搬・集積することであり、その業務を森林所有者から委託されて行うのが素材生産業者である。それに対して、自ら所有する森林で林業を営む農家林家は「自伐林家」と呼ばれる［佐藤ほか編 2014］。林業政策上、素材生産業者が林業の担い手とされるのは初めてのことである。

このことを農家林家の世代論からとらえてみよう［興梠 2014］。戦後の第一世代は、大正から昭和一桁生まれの世代であり、一九五〇年代後半から一九七〇年代初頭、広葉樹を伐採してスギ、ヒノキの植林を担った。第二世代はその子世代であり、一九八〇年代から九〇年代前半、チェーンソーと林内作業車の普及も相まって、親世代が造林した森林の間伐を担った。しかしながら、その次の第三世代が、過疎化・高齢化の深刻化する中山間地域にはもはや望めないというのが大方の予測であり、実態でもあった。そこで「意欲と能力のある林業経営者」と認められた素材生産業者が国の目指す林業の担い手として位置づけられることになったのである。

ところが誰もが予測できなかったことなのだが、第三世代が突如として、しかも同時代的に全国各地に現れてきたのである。二〇〇〇年代からの二〇～三〇歳代を中心にした「林業を始める若者たち」である。農家林家と同じく村落に定住して小規模自営的な林業を営むものの、必ずしも自ら森林を所有しているわけではないことから「自伐型林業」と呼び、その経営の特徴として、小型林業機械と家族経営による投資額の少なさ、「壊れない作業道」（幅員二・五メートル、法面切高《のりめんきりだか》一・四メートル以下の大橋式作業道による高密度路網）［岡橋 2014］および「長伐期多間伐」施業による環境保全重視が挙げられる［家中 2014; 佐藤 2020; 池田 2023］。

このような「林業を始める若者たち」による新規参入が広くみられるようになった社会背景として次のことが指摘される［佐藤 2020］。第一世代の昭和一桁生まれが現役を退くとともに、木材価格の低落により「立木代＝ゼロ円」が広まったこと、また補助金によって振り回される林業経営のあり方、言い換えると経営理念がないままの「数合わせの林業」に対する疑問、そして大型林業機械の導入に伴う作業道崩壊などの環境保全上の問題、さらに近年の豪雨災害の頻発から防災・減災に向けた森づくりの必要性などである。そして自伐型林業を推進する全国的ネットワーク（特定非営利活動法人「持続可能な環境共生林業を実現する自伐型林業推進協会」）[3]が設立されたことも普及のうえで大きな役割を果たしている［家中 2014］。

地域おこし協力隊(4)として「林業を始める若者たち」を受け入れている自治体は、高知県佐川町《さかわちょう》、島根県津和野町《つわのちょう》をはじめ、全国で二〇余りにのぼっており［片山・佐藤 2017; 田村 2021］、産業振興策というよりはむしろ、過疎化・少子高齢化が深刻化する中山間地域におけるコミュニティの再生を期待して移住・定住策として推進している。

このようにして突如として現れた「林業を始める若者たち」は、林業とはまったく関わりを持たなかった者もいるし、前職も出身も実にさまざまで、これといった共通の属性があるわけではない。あえていえば、就職氷河期世代より後の、東日本大震災・東京電力原子力発電所事故以降の世代といえようか。その特徴として、①自然（植物）の生長の範囲で暮らす、②互いの小さな仕事の創出を通じて生活の安定を増す、③政策や市場にコントロールされずに自律的な生活を営む、④それらを実現する小規模で共創的な技術や仕組みを創意工夫するといった傾向がみられる。(5)見方を変えると、「林業を始める若者たち」の間で自伐型林業による新規参入が広くみられるようになったのは、その技術体系や経営形態がこのような若い世代の価値観やライフスタイルの指向性にフィットしたからだといえるだろう。

3 林業を始める若者たち——鳥取県智頭町の事例から

◆林業不況下での「逆転の発想」

智頭町は鳥取県東南部に位置し、「智頭杉」で知られる伝統的林業地であり、森林が町面積の約九三％を占める（うち人工林約七割）。人口六三四四人、世帯数二六八一、高齢化率は約四三％であり（二〇二三年五月現在）、過疎化・少子高齢化が深刻化している。一方、村落単位や旧村単位の「ゼロ分のイチ村おこし運動」（一九九七年～）や住民提案の政策を公開で審議する「百人委員会」（二〇〇八年～）など住民主体の地域づくりで知られている［小田切 2014］。なかでも寺谷誠一郎町長（在任一九九七～二〇〇四年、二〇〇八～二〇二〇年）のもとで「みどりの風が吹く疎開のまち」のキャッチフレーズを掲げ、森のようちえん、森林セラピー、村まるごと民泊、木の宿場《やど》（地域通貨を介した間伐材の収集と薪ボイラーでの利用）などのユニークな取り組みが展開されてきた。木材生産だけにとどまらない森林の価値を掘り起こすことによって、林業不況下での「逆転の発想」を促そうとするものであったといえよう［家中 2013］。

✿若手林業グループ「智頭ノ森ノ学ビ舎」の登場

このように森林資源を生かした地域づくりが推進されるなか、二〇一五年九月、自伐型林業グループ「智頭ノ森ノ学ビ舎」が二〇～三〇歳代の青年たちによって立ち上げられた。そこには智頭林業の担い手が満を持して登場したと思わせるものがあった（写真2-1）。そのときの彼らの思いは次のように語られる。

一年目は山への思い、二年目は技術、三年目は知識。まずは思いがなければ、すべてが雑になってしまう。五〇年かけて育ってきた木を次の五〇年に受け渡していく。山を大切にして暮らしていくというマインドの部分をしっかり伝えたい(6)。

祖父母の世代は山仕事に携わり村での生活を営んでいたが、親世代は給与生活者となって役場や森林組合、鳥取市内の企業へと通勤するようになった。先述の智頭町の村おこし運動を担ったのはこの世代である。その子世代の、高校卒業後、都会あるいは海外に出て、Uターンで戻ってきた若者たちが、東日本大震災・東京電力原子力発電所事故以降にIターンで移住してきた同世代の若者たちと一緒になって智頭ノ森ノ学ビ舎を立ち上げたのである。

写真2-1　「智頭ノ森ノ学ビ舎」の発足式（2015年9月4日, 智頭町有林）
撮影：筆者

智頭ノ森ノ学ビ舎は、「人を活かす山を創る」を理念に「山を活かし山に活かされる人づくり」を目標に掲げて活動している。設立当初は八人であったが、その後、年ごとにメンバーが増え、二〇二一年四月現在で五一人となっている（二〇一五年発足時八人、二〇一六年一一人、二〇一八年二二人、二〇二〇年三四人）。

智頭町では伝統的に大規模山林所有者から林業施業を任された「山番」（山の番頭の意味）がいたことから、

国の林業政策にそって施業する森林組合や素材生産業者とは別の担い手、言い換えれば、伐採業者ではなく、森を育てる（撫育《ぶいく》する）担い手の後継者が求められていた。一方、若者世代からすると、「ゼロ分のイチ村おこし運動」や「百人委員会」などを見ていて、智頭町ではやる気があって提案し実行すれば、そのことを後押しし評価する風土があるという手応えがあった。実際、寺谷町長のもとに若者たちが新たな林業グループの立ち上げ支援について直談判に行くと、寺谷町長はその場で町有林六〇ヘクタールの無償貸与を約束した。そして地方創生・総合戦略にも「自伐林家の郷」が掲げられた。

◆「智頭ノ森ノ学ビ舎」のメンバー構成

ここで智頭ノ森ノ学ビ舎のメンバー構成についてみておこう。二〇一五年の設立時は、いずれも二〇～三〇歳代で、智頭町出身者五名、町外からの移住者三名である（うち二人は地域おこし協力隊）。町内出身者は多世代（二世代または三世代）居住、移住者は単世代居住である。二〇一六年以降に入会した会員は多様な構成であり、農業、花卉《かき》、運送、大工、建築士、森林組合、パン屋、木工、教員、消防士、主婦、ハウスメーカー、ゲストハウス&カフェレストラン、古本屋、シンガーなど、必ずしも職業として林業に携わっているわけではない。自らが語るように「山に関心があり、山を共通言語として集まった仲間」である。

一方、林業経営の担い手がきちんと育っていることが注目される。二〇二二年四月現在、林業事業体が六つある。(7) 林業経営を代々行っている自伐林家は一人で、他は、所有山林はあるものの父の代は林業経営が主でなかったり、祖父の代に山林はあったが現在はわずかであったり、あるいは移住者であって所有山林はないなどである。智頭ノ森ノ学ビ舎の活動を通じて「壊れない作業道」づくりや「長伐期多間伐」施業について学び、持続的な林業経営の担い手へと成長している。

ここで注目されるのは、林業未経験な移住者であっても伝統的林業地において山林の確保ができていることである。智頭ノ森ノ学ビ舎のメンバーとして一緒に活動し、技術のみならず、地域からの信頼をかちえたからこそ可能であったといえるだろう。智頭町主催の自伐型林業講習会や吉野林業地の「壊れない作業道」づくりの熟練者を招いての自主的な研修会を通じて持続的林業の技術や経営について学ぶ一方、地区の消防団員や役員を務め、なかには中山間地域の課題である高齢者の「介護保険事業計画」策定事業に関わり「生活支援コーディネーター」を委嘱されるなど、その活動を通じて、中山間地域で生活するために必要な知識や技術、そして社会的信頼を手に入れていっているのである。このようなことから智頭ノ森ノ学ビ舎は、単に仲間集団にとどまらず、生業を通じて相互に生活を支え合う互助組織としてとらえることができる。言い換えると、その実践は、条件不利といわれる中山間地域に居住することの「資源の呪い」を超えて、逆にその優位性を、森林に依拠して創出された生業と生活との統合を通じて生み出しているのである。

◉「智頭ノ森ノ学ビ舎」の活動

智頭ノ森ノ学ビ舎の活動は、①森林施業、②小規模林家・自伐林家の保護および育成、③智頭林業の伝統継承と新たな可能性の模索という三つを柱にしている。その活動の一環として智頭町

山村再生課と連携して取り組んだ「智頭林業聞き書き」と「智頭の山と暮らしの未来ビジョン」についてみていこう。(8)

二〇一八年二月から二〇二〇年三月にかけて、智頭林業を担ってきた六〇〜九〇歳代の方々からの聞き書きを行った[智頭林業聞き書きプロジェクト 2020]。林業の担い手の世代論でいえば、第一・第二世代の話を第三世代が聞いたことになる。取り上げたのは、苗づくりのことから撫育《ぶいく》・山林管理、伐倒搬出およびその差配、原木市場・製材所、そして林間作物や建具・建材のことまで、技術や道具の取り扱い、山(森林)の見方や経営など多岐にわたる、およそ一〇〇年の智頭林業の生きられた歴史である。智頭林業聞き書きを通じて目指されたのは、生活史の記録とともに生活知の継承・創造であり、そのことは聞き書きに関わった学ビ舎メンバーの次の言葉からもみてとれる。

みんな、生きるのに、家族を養うのに一生懸命やられていた。それが僕らのやっている山に現れている、つながっている。皆伐してないし、しても植えているし、ちゃんと残してくれている。そこがいちばん、なんともいえない。人は生きざまだと思う。この人はこういう生きざまなんだろうと。そこに共感する。うちの祖父さん世代の人が多かったし、祖父さんが生きていたらこんな感じだったのかなと思う。熱いものがあった、その世代の人としゃべるのは。自分に対して嘘をつかないような生きざまをしたい。(9)

智頭町では、森林経営管理法や森林環境（譲与）税にみられる林業政策の大転換期に際して、地域としてどのような山（森）づくりをするのか、歴史的経緯に立ち返って考えるべきだと判断し、智頭林業の特徴の「長伐期多間伐」による持続的な山林経営を目指すことが改めて意識された。そのことを住民全体で共有するために取り組んだのが「智頭の山と暮らしの未来ビジョン」である。その策定にあたって、①森林の生態サービスの持続的享受および森林・林業の社会的責任、②担い手となる若い世代の育成の二つを指針とし、智頭林業聞き書きの成果も取り入れることが確認された。

ビジョンでは、まず「暮らし」があり、次に「自然」があり、そして「森林管理」があり、そのうえで「林業経営」が展望されている。町面積の約九三％を占める森林は、林業だけでなく、住民の暮らし全般を支える重要な社会的基盤として位置づけられている。すなわち、「このビジョンでは、人口減少社会の中で現在の町の行政区域の存続自体も不確定な将来を見据えつつ、九三％の山林と人がいかに調和し、暮らしや産業と共に地域の持続性を保っていくかを示していきます」［智頭町 2000］と。

4 ボランタリーな生活組織——仲間集団・互助組織への注目

以上みてきた智頭ノ森ノ学ビ舎の活動から、次のことに気づかされる。これまでは地域社会をみるときに、自治体、NPO、コミュニティ（村落・町内会）という三つのセクターでもってとらえ

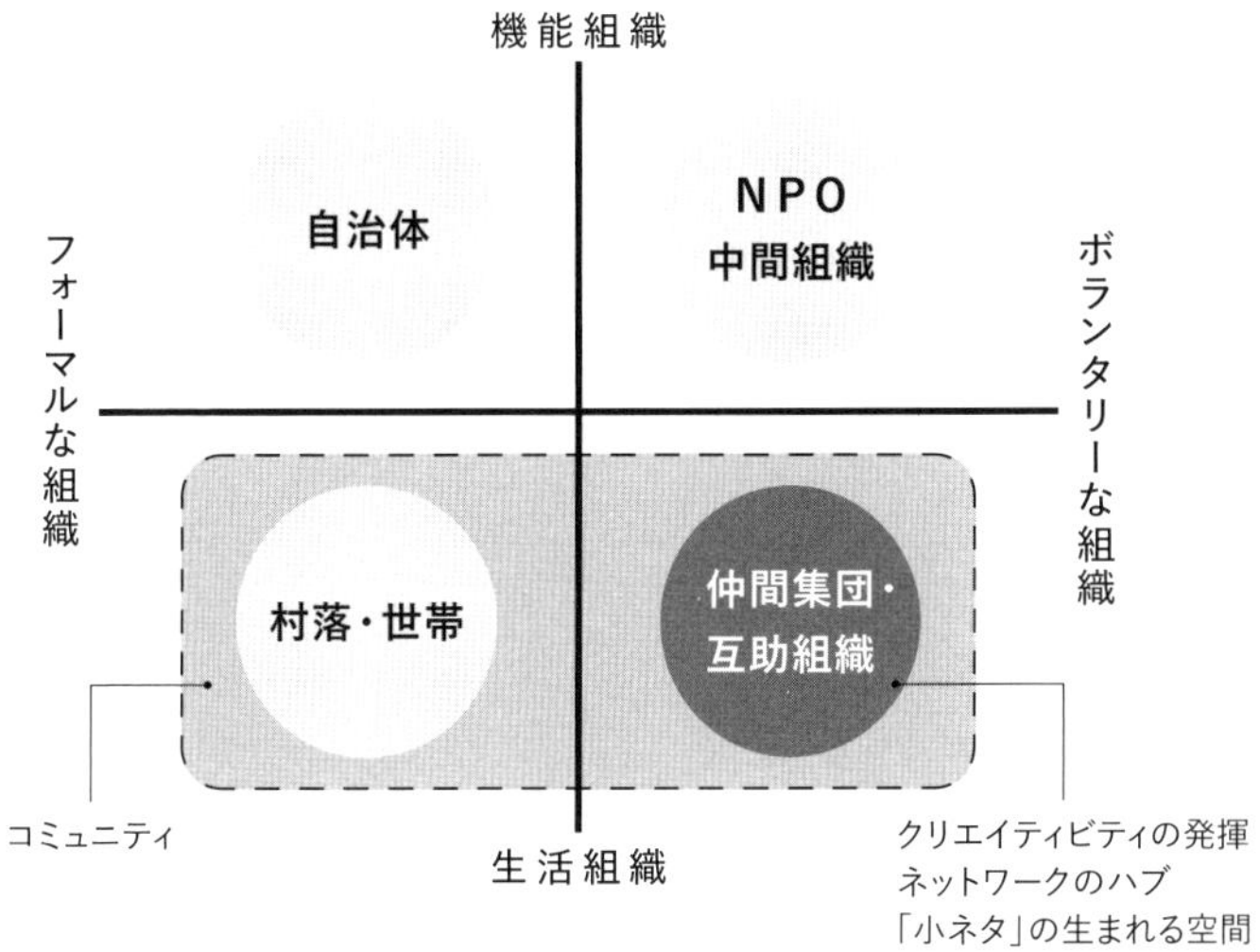

図2-1　ボランタリーな生活組織
〈機能組織−生活組織〉×〈フォーマルな組織−ボランタリーな組織〉の4象限図
出所：筆者作成.

てきたといえるだろう。それに対して、智頭ノ森ノ学ビ舎の活動からみえてきたのは、〈機能組織―生活組織〉×〈フォーマルな組織―ボランタリーな組織〉という横軸×縦軸を入れて、四象限化してとらえることの重要さ、斬新さである（図2-1）。

自治体やNPOは機能組織であり（NPOはアソシエーションであり、その定義からして機能組織である）、両者の違いはフォーマルな組織かボランタリーな組織かにある。そうであるならば、生活組織にもフォーマルな組織とボランタリーな組織があるはずである。それが、フォーマルな生活組織としての「村落・世帯」であり、ボランタリーな生活組織としての「仲間集団・互助組織」である[10]（ここでいう「フォーマル」とは地域代表制があることを指している。当該地域の自治体や町内会は一つであって地域占拠性を持っている。統治的組織といってもよい)[鳥越 1994; 名和田 2021]。

智頭ノ森ノ学ビ舎は、図の第四象限にあるボランタリーな生活組織としての「仲間集団・互助組織」である。「学び合い」を通じて自伐型林業の技術体系と経営理念を修得すると同時に、地域の山林所有者の信頼を得ることで森林整備を、いわば現代の「山番」として任せられるようになった。その「世代」が「世帯」として村落に定着することで、村落の農地山林などの維持管理の担い手となり、同時に生活互助を担う一員となる。その関係は互酬的であることから、自ずと「地域支え合い」の基盤が形成される。戸数十数軒の村落に智頭ノ森ノ学ビ舎のメンバーが森林に依拠した生業に携わって居住することは、地域を支えるうえでとても大きな力と受け止められている。

一方、このような生業創出と地域支え合いの基盤形成をもとに、ボランタリーな生活組織が指向する新しい時代の価値観が中山間地域自治体の政策に反映され実現されていく回路をつくり出すことが大変重要なこととなる。智頭ノ森ノ学ビ舎は二〇一七年に法人化して、合同会社「MANABIYA」を設立した。きっかけは林業機械導入の補助を県から受けるための法人化であったが、あわせて智頭町が自伐型林業研修事業を委託するうえで法人組織が適当であるという判断もあった。法人として自治体とパートナーシップを結ぶことで、自治体の政策過程への関与・参画が制度的に裏付けられることになる。さらに智頭町では林業政策や福祉政策上の新たな制度である「地域林政アドバイザー」や「生活支援コーディネーター」を使いこなし、これらの業務を智頭ノ森ノ学ビ舎メンバーや合同会社「MANABIYA」に委嘱するなどして、彼ら「林業を始める若者たち」が「智頭の山と暮らしの未来ビジョン」策定事業や智頭町介護保険事業計画策定事業に参画する正統性を担保したのである。このようにして、ボランタリーな生活組織の指向する価値が自治体政策の中に実装されていく道筋がつけられた。

ここで興味深いのは、「希望学」を通じて希望再生の条件について考察した玄田有史が、「小ネタ」が尽きない限り、地域は持続すると述べていることである［玄田 2021］。いわく、「小ネタ」は人と人とが交わす些細な会話の中にあり、「小ネタ」があるところには人びとの確かな営みがある。それは自治体が地域活性化を掲げて膨大なコストをかけて実施する「大ネタ」とは異なる、地域に生きることのリアルな価値を表しているという。この「小ネタ」が発生するところこそ、ボランタリーな生活組織、すなわち仲間集団・互助組織の空間であるといってよいだろう。近年、アートが地域の中で果たす役割やアートが地域の中から生まれてくるプロセスが注目されているが、それもまたボランタリーな生活組織と親和性が高いといえるだろう［野田ほか編 2020］。

智頭ノ森ノ学ビ舎は対話形式の茶話会（サロン）を開催している。「智頭の山と暮らしの未来ビジョン」の策定に向けて話し合う機会を設けたかった。またそれ以上に、人が集い互いに語り合う場をつくりたいという思いがあった。中山間地域の小さな町では若い世代にとってそのような場がなかなか見つからないからである。そこで「TAMARIBA」と名付けたオフィスで、二〇一八年一一月から二〇二〇年三月まで月一回ペースで「地域から森林林業を考える」と題して、智頭町内で普段は顔を合わせているものの、落ち着いて話を聞いたことがない住民から話題提供してもらい、語り合うことにした。取り上げた話題は、智頭ノ森ノ学ビ舎、森林組合、財産区、役場担当課、製材所、工務店、建築設計事務所、架線集材林業者（聞き書きの語り手）、民泊家庭、森のようちえん、赤ちゃん先生プロジェクト、野生のパン&ビールのカフェなどであった。二〇二〇年度以降も「森ノ語リ場」と称して森林環境譲与税を活用した人材育成事業の一環として継続され、コロナ禍の間もオンラインで実施されてきた。自らの活動を「智頭ノ森ノ学ビ舎」と名付けたゆえんであろう。その後、町内には他にも人が集い語り合う場ができ、「小ネタ」の空間がいくつも生まれてきている。

コミュニティがもともと生活互助のための人びとのつながりであることを考えるならば、いつの時代でも、生活の必要から、ボランタリーな仲間集団や互助組織は形づくられてきたといえるだろう。大切なことは、現代の状況のなかで生まれてきているボランタリーな生活組織に気づくことであり、そこで発揮されているクリエイティビティがどのようなものであるかを知ることである。おもえば、智頭ノ森ノ学ビ舎の親世代による村おこし運動も青年団活動がもとであった[中澤 2019]。また、有機農業運動も青年団活動や文化運動に端を発していたし[星 2019]、漁業技術の革新も漁協青年部の創意工夫の中から生まれている[家中 2012]。

本章の事例でみたように、国が推進する林業の成長産業化の目指す方向や「資源の呪い」のたとえとは違って、豊かな森林資源を中山間地域の暮らしを支えるために生かすには、地域に「転換力」を養うことが肝要であり、その担い手としてボランタリーな生活組織、すなわち現代的な仲間集団・互助組織の存在に気づくことが大切である。言い換えると、そこに発揮されるクリエイティビティが、地域に居住して森林を利用しながら生活を営むという「生業」の論理を生み出しているのである。

註

（1）天然資源に恵まれている国々で経済成長が停滞したり、独裁的な政権が民主主義を抑圧する傾向があることから、豊かにしてくれるはずの天然資源がむしろ人びとを苦しめていることを、逆説的に「資源の呪い」と呼ぶ［佐藤仁 2016: 179–205］。

（2）ここで「転換力」とは、佐藤仁が、アマルティア・センの「ケイパビリティ」をもとに、貧困の克服について新たな視点から問題提起したものである［佐藤仁 2016: 21–49］。これに対して、開発援助においては、従来、貧困を生活に必要な財の不足ととらえ、それを補おうとしてきた。佐藤は「自然の資源化」過程を踏まえ、貧困を、「あるもの」を有用な財へと転換するための知識や技術を人びとが備えているか、そのための社会的制度が整っているかという問題としてとらえ直した。貧困の克服のうえでは、いかに望ましい価値を生み出せるか、そのために人びとのなしうること、すなわち「ケイパビリティ」や「転換力」に注目することが重要な鍵となる。

（3）ＮＰＯ法人「持続可能な環境共生林業を実現する自伐型林業推進協会」ウェブサイト参照。(https://zibatsu.jp)［最終アクセス日：二〇二三年一一月二〇日］
　なお、同法人設立（二〇一四年）から一〇年を経て、各地に「林業を始める若者たち」自身による自伐型林業推進組織が立ち上がり、自伐型林業運動は次のステージに入ったといえるだろう［佐藤ほか編 2024］。

（4）地域おこし協力隊とは、過疎や高齢化が著しい地方において、地域外の人材の移住・定住を促し、地域おこし活動を活性化するものである。総務省によって二〇〇九年度に制度化され、任期一年で三年まで更新可能、一人につき報償費等として年間二〇〇万～二五〇万円、活動費として年間一五〇万～二〇〇万円を上限に地方自治体に対して特別交付税措置する。また任期最終年次か任期後一年の間、起業に要する経費として一〇〇万円を上限に支援する。二〇二一年度の実績は、隊員数六〇一五名、受入自治体数は一〇八五自治体。二〇二一年度に任期満了した隊員の約七割が二〇～三〇歳代であり、男女比は６：４、約六五％が任地に定住している。総務省ウェブサイト参照。
(https://www.soumu.go.jp/main_sosiki/jichi_gyousei/c-gyousei/02gyosei08_03000066.html)［最終アクセス日：二〇二三年一一月二〇日］

（5）「生業・生活統合型多世代共創コミュニティモデルの開発」（JST-RISTEX「持続可能な多世代共創社会

のデザイン」研究開発領域、二〇一六年一〇月〜二〇二〇年三月、代表：家中茂）における泉英二氏との議論から示唆を得た。

（https://www.jst.go.jp/ristex/i-gene/projects/h28/project_h28_5.html）［最終アクセス日：二〇二三年一一月二〇日］

（6）「日本海新聞」二〇一五年七月三一日。智頭ノ森ノ学ビ舎代表の大谷訓大《くにひろ》氏（当時三二歳）のインタビュー記事。

（7）「赤堀農林」（八代にわたる自伐林家）、株式会社「皐月屋《さつき》」（二〇〇九年起業）、合同会社「ＭＡＮＡＢＩＹＡ」（二〇一七年設立）、「Ｔｒｙｓ」（地域おこし協力隊により二〇一八年起業）、「春埜《はるの》林芸」（移住者が出身地に戻り二〇一九年起業）、「小谷・林業道」（皐月屋から独立し二〇二一年起業）である。

（8）この取り組みは、智頭町と鳥取大学が連携した「生業・生活統合型多世代共創コミュニティモデルの開発」（JST-RISTEX「持続可能な多世代共創社会のデザイン」研究開発領域）プロジェクトの一環でもあった。なお、同プロジェクトについては、南・稲場［2020: 95–113］に詳しい紹介がある。

（9）智頭ノ森ノ学ビ舎メンバーの「智頭林業聞き書き」の読み合わせのときの感想（二〇二〇年一月二一日）。

（10）村落社会学における仲間集団の研究については、村田周祐が竹内利美および民俗学における同輩集団研究をもとに整理している［村田 2019, 2022］。

付記

本章は、科学研究費基盤研究（Ｂ）20H01570「『自伐型林業』方式による中山間地域の経済循環と環境保全モデルの構築」（研究代表者：家中茂、二〇一五〜二〇一七年度）、科学研究費基盤研究（Ｂ）15H04562「現代農山漁村における『生産のある生活空間』に関する環境社会学の新たな分析枠組構築」（研究代表者：家中茂、二〇二〇〜二〇二三年度）、JST-RISTEX「持続可能な多世代共創社会のデザイン」研究開発領域「生業・生活統合型多世代共創コミュニティモデルの開発」（代表：家中茂、二〇一六〜二〇一九年度）の成果による。

第3章

話し合いから歴史的環境の継承とまちづくりの課題解決を考える

地域の伝統によって導かれた鞆の浦の町並み景観保全

森久 聡

1 はじめに——歴史的環境とまちづくり

環境社会学が研究対象とする「環境」の中には、人間の手によって生み出されたものも含まれている。その一つに、地域社会の生活文化や風土を表す町並み景観や、歴史や伝統を伝える歴史遺産などが挙げられる。町並み景観や歴史遺産への注目は、一九六〇年代より、国土開発政策によって地域の特色である町並み景観が壊されることに反対する住民運動から始まった。そのため一般的に地域の開発と町並み景観の保存は対立するものとしてとらえられがちである。だが、この町並み景観の保存問題は、単に景観の美醜をめぐる価値観の対立というわけではない。現在の地域社会の何を改めていくべきか、どのような地域の将来像を描き、後世に何を継承していくの

写真3-1　鞆の浦（2018年9月）
撮影：筆者

か、という「まちづくり」の問題でもあるのだ。そこでは生活文化が生み出した環境と人間社会の関係が問われている。歴史的環境の社会学は、このことに焦点を合わせるのである。

そして時に町並み景観の保存の問題は、歴史的価値の評価の相違や実施費用に対する経済効果の有無などをめぐる論争として表面化することがある。そこで、広島県福山市の鞆《とも》の浦《うら》のまちづくりの論争から生活環境と人間社会の関係を読み解いてみたい。瀬戸内海の中央に位置する鞆の浦は、近世の港湾遺産群と町並み景観が現存する風光明媚な港町である（**写真3-1**）。この地域では、鞆港《ともこう》の一部を埋め立てて架橋する道路計画をめぐって、三〇年近く意見対立が続いていた。埋め立て・架橋計画をめぐる地域論争（以下、鞆港保存問題）で争点となったのは、鞆の浦の町並み景観や港湾遺産群といった歴史的環境の継承であった。そして、この意見対立は、地域行事やイベントの運営、さらには日常生活での交流にも影を落とすほどに深刻化した。それでも地域住民は、時間をかけて意見対立を話し合いで解決するための努力を粘り強く続け、鞆港保存問題は道路計画の中止という形で決着する。この解決の道を可能にしたのは、話し合いを大切にするという政治風土が、ローカルな地域的伝統として継承されていたからである。言い換えれば、鞆の浦の歴史的環境は、歴史的環境そのものとともに地域的伝統を受け継いでおり、そのことによって大規模な港湾開発から守られたのだ、ということができる［森久 2016］。

本章ではまず、鞆の浦の歴史的環境の由緒について述べたうえで、「話し合い」という側面に注目して鞆港保存問題の経緯を振り返りたい。そのことによって、環境問題の解決において地域的伝統がどう機能するのか、とくに話し合いの伝統がどう機能するのかを考察したい。

2 鞆の浦——栄枯盛衰の物語

鞆の浦は『万葉集』にもその名が記されており、古代から中世にかけて鞆の浦の漁師は、深沼漁場を拠点に瀬戸内海における漁業を牽引したという［宮本 2001 (1965)］。そして鞆の浦の沖合は潮の流れが変わる海域であるため、潮の流れを利用する帆船が瀬戸内海を航行する際に、鞆の浦で潮の流れが変わるのを待つ「潮待ちの港町」ともいわれていた。このことから、鞆の浦は中世には軍事的要衝となっている。

さらに近世に入って経済活動が活発になると、鞆港は貿易港として発展して最盛期を迎える。

当時の絵巻物や古地図、文書資料などには、漁師のほかに多くの商人や鍛冶《かじ》職人など七〇〇〇人ほどの人びとが同業者ごとに集住し、本瓦葺《ほんかわらぶ》きの商家や蔵が軒を連ね、北前船《きたまえぶね》が昼夜を問わず出入りする様子が記されている。そして鞆商人たちは自ら資金を出して港湾整備を行った。現在の鞆の浦には、この時代に整備された常夜灯・雁木《がんぎ》・焚場《たでば》・船番所《ふなばんしょ》・大波止《おおはと》といった港湾施設群が歴史遺産として存在している。また、鞆商人のほかにも、多くの鍛冶職人が釣り針や銛《もり》、鍬《くわ》や鋤《すき》などの農具の製造をきっかけに、船に必要な錨《いかり》や船釘《ふなくぎ》を製造した。鞆の浦の鍛冶は漁業や商業と並ぶ伝統産業となっている。

　近世に繁栄を極めた鞆の浦は、明治時代になると徐々に衰退していく。それは潮流に逆らって航行できる動力船が登場すると、鞆港で潮待ちをする必要がなくなったからである。しかも山陽鉄道の福山駅が鞆港から離れた内陸部に建設され、陸上輸送の発展からも取り残されてしまう。戦後になって、鞆の浦の北端部に鉄鋼業団地を造成し、鞆鍛冶《ともかじ》が鉄鋼業へと近代化を果たしたことで、鉄鋼業が地域経済を支えた時期もあった。だが、一九八〇年代には円高不況によって鉄鋼業も衰退している。

　こうして戦後の鞆の浦は、鉄鋼団地の造成を除いて大規模な開発事業が進められることはほとんどなかった。現在でも新たな宅地開発や集合住宅の建設なども少なく、新規来住者は増えていない。また、近年の鞆の浦は観光地としての人気が高まってはいるが、観光業は地域経済を支えるほどの規模ではない。そのため、鞆の浦の若者は進学・就労を機に地域外へと流出しており、二〇二二年二月末現在、鞆の浦の人口約三万五〇〇〇人のうち六五歳以上が四八％を占める高齢社会となっている。そして現在の鞆港は、早朝に小さな魚揚場《うおあげば》で漁船が魚を揚げている時間帯や春から秋に一日二便運航されている観光フェリーの時間を過ぎるととても静かである。

このように振り返ると、鞆の浦は日本社会の近代化と反比例するように衰退したといえよう。現在の鞆の浦には近世に建てられた商家や土蔵が建ち並び、鞆商人が整備した港湾遺産が残り、歴史的な町並み景観が維持されている。これらの町並み景観は鞆の浦が栄華を誇った往時の面影を今に伝えてきた。だが、それは同時に、この地域が戦後の地域開発の波から取り残されて、町並み景観が大きく変容するような都市開発がなされなかったことも示している。

3 鞆の浦の地域的伝統——話し合いのローカリティ

一般的に、意見の相違に対して、双方が話し合いで合意形成を目指すのは大切なこととされている。しかし、ここで考えたいのは、鞆の浦では他の地域に比べて、とりわけ話し合いを大切にしており、それが地域的伝統として受け継がれているということである。そこで、民俗学の村落構造類型論の見地から鞆の浦の地域的伝統を確認してみよう。

村落構造類型論によると、西日本の中でも瀬戸内海の多くの漁村は、年齢階梯制社会であるという。この年齢階梯制社会とは、「非血縁の年齢による構造原理」[高橋 1994: 22]を持つ社会のことで、瀬戸内海の漁村に年齢階梯制社会がみられるのは漁撈形態と関係しているという。瀬戸内海の漁村では、集団で漁をするための統制がとれた動きが必要であるため、共同生活を通じて若年層を社会的に教育する施設（若者宿《わかものやど》・娘宿《むすめやど》）が設けられた。そのために血縁よりも年齢による横のつながりが強い社会関係が生まれる。こうして、若者組・中年組・長老組といった年齢別の社会集団が地域社会を支える構造を持つ年齢階梯制社会が形成されるのである。

鞆の浦のルーツは漁村であり、今も漁師たちは最古参の住民として尊重されている。その漁師の居住地区には、多くの若者組の存在が記録されているほか、ある年齢の子どもが親から離れて共同生活をする祭礼行事も受け継がれている。さらにいうと、鞆の浦の鍛冶職人は、もともと釣り針や銛、船釘などを制作した漁師であったことから、漁師の生活様式が鍛冶職人にも引き継がれている可能性は高い。このように鞆の浦には、漁師が生み出した生活文化が継承されていると考えられる。

そして年齢階梯制社会の特徴の一つに、集落にとって大事な問題は話し合いによって決める合議制の慣習を持つことが挙げられる。これは集団で行う漁の成否が生活や安全に直結するため、天候の具合をみて漁に出るかどうか、どの漁場に行くかなど、全員が話し合いで納得する必要があることから生じる慣習であるという。民俗学者の宮本常一は、一九五〇年代に訪問した対馬の集落で、「村でとりきめをおこなう場合には、みんなの納得のいくまで何日でもはなしあう」［宮本 1984: 13–14］様子を記している。

現代では、宮本が記した話し合いと同じ場面に出会うことは非常に難しい。一九六〇年代の高度経済成長を経て、都市化やバブル経済期の開発ブームの波によって、いわゆるムラ社会は解体され、伝統的な社会制度の多くは失われていったからだ。それでも、住民の集合的記憶や社会意識の中に政治風土として受け継がれている地域も存在する。例えば、鞆の浦では、漁師が住む町内会における町内会長の選び方でそれを確認できる。一般的に町内会長は事前の根回しによって内定したり、輪番制になっている地域も多いのだが、この町内会では戦前から町内会長を「投票」で決めているという。この町内会の決定方法は、戦後の民主主義化の産物ではなく、全員が票を投じる形で意思決定に参与し、全員が納得して物事を進める合議制の社会意識から生じた制度と理解すべきであろう。このように、鞆の浦には漁師たちの生活文化が継承されており、話し合いを大切にする地域的伝統が残っていると考えられる。

4 鞆港保存問題における意見の対立

鞆港の埋め立て・架橋計画をめぐる地域論争は、一九五〇年に計画が策定された都市計画道路が発端となっている。この道路計画は、江戸時代のメインストリートで歴史的な商家や蔵が軒を連ねている県道を拡幅整備するものであった。そのため、一九七五年に施行された重要伝統建造物群保存地区(重伝建地区)制度に先立つ町並み調査で、鞆の浦の歴史的建造物が評価されるようになると、この道路事業を進めることが難しくなってしまった。そこで代替案として、海上に道路を建設する埋め立て・架橋計画が検討された。しかし、この計画は、一部住民による反対と利害関係者である鞆の浦漁協の同意が得られなかったため、一度は頓挫してしまう。

そうしたなかで、一九八〇年代後半に町おこしに取り組む「鞆を愛する会」が登場する。鞆の浦の若手経営者たちによって結成された「鞆を愛する会」は、鞆港の沖合で沈没したと伝わる坂本龍馬の「いろは丸」を引き揚げるプロジェクトなどを実行し、それがマスコミに取り上げられ話題となった。そして、この活動をきっかけに、地域の活性化を目指す機運が鞆の浦に広がっていく。具体的には、地域の有力者たちは、埋め立て・架橋計画の実施を行政に要望したのである。それに応えて行政も計画推進に取り組んだが、またもや計画に反対する声があがるのであった。例えば「鞆を愛する会」は、山側にトンネルを建設する代替案を提示して計画反対の立場を表明する。他の反対派住民も署名活動をしながら、地域外部の地方史研究者や建築家、都市計画・土木史などの専門家の意見を取り入れ、さまざまな住民運動を展開した。

一方、町内会連合や鉄鋼業組合などの有力者層は、この計画の推進に取り組んだ。彼らは福山市長、広島県知事に何度も計画実施を申し入れ、回覧板を通じて集めた署名や要望書を提出するなど、計画の早期実現を目指して活動していく。有力者層が道路建設に賛同する理由は、埋め立て・架橋計画によって、長年にわたって抱えてきたさまざまなまちづくりの課題を一挙に解決できると考えたからである。道路建設派は、開発可能な平地が少ない鞆の浦では、埋め立て地に観光施設と観光客・地元住民用の駐車場を整備する必要があるという。そして鞆の浦の中心部は道路の幅が狭いため、町内を通過する車が渋滞を引き起こすが、それも解消できると述べる。さらに道路の建設は、緊急車両の通過道路や下水道整備の際の迂回路の確保につながるとも主張した。このように有力者層は、鞆の浦のまちづくりの課題をまとめて解決し、現代的なライフスタイルを実現するために、埋め立て・架橋計画を要望したのであった。

これに対し、鞆港保存派は次のように反論する。まず観光開発については、鞆港の港湾遺産と町並み景観を「世界遺産クラス」と評価し、鞆港に橋を架けたら歴史的価値は失われ、観光客は減ってしまうと主張する。そして住民用駐車場を鞆港の埋め立て地に整備する必然性はなく、通過交通による渋滞も朝夕の一時的なもので、山側にトンネルで迂回路を設ければ解決できるという。そして緊急車両の通過については、搬送先の病院は町の中心部にあるため、救急車の迂回路としての効果は低く、火災対策については小型消防車や消火施設の設置など、狭い都市構造に合わせた対策の方が有効であると述べる。同じく、下水道整備についても、工事中に迂回路を設ける必要がない工法で対処できるという。つまり、道路建設派が主張するまちづくりの諸課題は、個別の対策で解決可能であり、埋め立て・架橋計画を実施する理由にならないというのである。そして何より、鞆の浦の栄枯盛衰の物語と港町の生活文化を伝える歴史的環境として、鞆の浦の町並み景観と港湾遺産群と瀬戸内海を身近に感じる風景を保全すべきであると訴えたのであった。

このように双方の見解は相いれないが、埋め立て・架橋計画の実施主体の広島県は、一貫して計画を推進する立場をとっていた。また関連事業を担う福山市は、この計画によって多くの課題を同時に解決できるとし、道路建設を求める町内会連合会の意見を「地元住民の総意」ととらえて、広島県に計画の推進を強く要望している。

他方、鞆の浦の外部で計画に反対する声も大きかった。映画監督や文化人などが鞆港保存を支持する団体を結成したほか、ユネスコの世界遺産登録に関わる専門家団体であるＩＣＯＭＯＳ（国際記念物遺跡会議）は、二〇〇五年から二年続けて計画見直しを求める要望書を福山市に提出している。また鞆港保存派による署名活動では、二〇〇八年に全国から一〇か月で一〇万人以上の計画中止と鞆の浦の世界遺産登録を求める署名を集めている。

こうして鞆の浦は、道路派住民・行政と保存派住民・外部専門家という構図で、「開発か保存か」の意見の相違により二分されていった。地元住民同士で話し合われたこともあったが、意見対立は日常生活にまで影響した。それは町内運動会の実行委員に鞆港保存派が含まれていることを理由に、道路建設派の三つの町内会が運動会をボイコットするほどであった。このような事態に対し広島県は、一九九五年に意見調整の場として「鞆地区マスタープラン」の策定を提案する。だが、鞆港保存派は計画推進を前提とした会合と批判し、合意形成に至らなかった。その後、行政が一九九八年、埋め立て面積を縮小して橋のデザインを町並み景観に配慮した意匠に変更した計画案を提示すると、道路建設派はこれを鞆港保存派に最大限の配慮をした計画案と評価したが、鞆港保存派はこの案を受け入れることはなかった。

5 鞆港保存問題の決着——話し合いによる合意形成の試み

意見対立が硬直化していくなかで、鞆港保存派は、埋め立て・架橋計画の手続きで必要な条件である、すべての排水権者の計画合意という条件を満たしていないことを見つける。そこで少数ながらも計画に反対する排水権者とともに行政に抵抗した。さらに排水権者が住む町内会は、行政に町内会単位での住民説明会を要求していたが、行政はそれに応じず、代わりに鞆の浦の全住民を対象とする住民説明会を二〇〇一年に開催する。ところが、道路建設派は、この説明会に四〇〇人近くを動員して多数派の圧力で押し切ろうとした。そこで排水権者が住む町内会は、このような行政の対応と道路建設派の動きに抗議して退席しようとすると、会場は怒号と罵声が飛び交う事態となってしまう。結果的には、この住民説明会によって意見対立は深まってしまったが、ここでは排水権者が住む町内会に注目したい。実はこの町内会こそ、鞆の浦で最古参の漁師が住み、町内会長を選挙で決める町内会であった。この町内会が行政との話し合いの場として住民説明会の開催を要望し、行政の対応と道路建設派の圧力に強く抗議した背景には、この町内会が受け継ぐ話し合いの地域的伝統があるのだ。

この住民説明会の出来事を経て、行政としては、排水権を持つ鞆港保存派の合意を得ることは非常に難しいと判断し、二〇〇三年に福山市と広島県は事業凍結を正式に表明する。しかし、翌二〇〇四年に道路建設派の後援を受けた候補が福山市長に当選すると、新市長は前市長が断念した計画を復活・推進することを表明する。そして福山市は、計画を推進する目的で「鞆町まちづくり意見交換会」を開催した。だが、この「意見交換会」でも合意形成に至らず、むしろ両者の意見対立が根深いことが明らかになった。しかし、ここで重要なのは、これまでみたような深刻な意見の対立があっても、両者は話し合いを大切にする姿勢は崩さなかったということである。それは、ある住民から「住民の大半が賛成なのだから、いつまでも少数の住民にかまっていないで、ともかく事業を進めよ」という強硬な意見が出たとき、道路建設派からそれに賛同するヤジは発せられず、会場は無反応に近い雰囲気となったことに現れている。ここに、少数派を無視せず全員が納得するまで話し合う合議制の意識を読み取ることができる。それでも、鞆港保存派の意思が固いとみた福山市は、すべての排水権者の同意がなくとも事業認可を出すように国交省に強く求め、広島県には行政手続きを進めるように働きかけた。そして、広島県も例外的に事業認可が得られると判断し、行政手続きを進めようとしたのである。そこで鞆港保存派は、計画の完全中止を求めて、改良した代替案を提示したり、全国的な署名活動をしたりして対抗した。それでも行政は手続きを進める意向を崩さないことから、二〇〇七年四月に行政手続きを差し止める訴訟を起こしたのである。

この行政訴訟に対する地元住民の反応にも、話し合いの地域的伝統を確認することができる。まず鞆港保存派が訴訟を起こす決断をした理由は、広島県と福山市が「議論は尽くした」として話し合いをやめ、反対意見があるなかで行政手続きを進めようとしたことである。原告の一人は、話し合いではなく「司法の判断に委ねる方法しか残されていないことが残念」と語っている。一方で、道路建設派は、「計画に反対する人たちは、話し合いの場を設けるよう訴えていたはずなのに、提訴でその道を閉ざすようなことをするのはいかがなものか」と述べた。この両者の言葉は、鞆港保存派は行政に対して、道路建設派は鞆港保存派に対して、いずれも「話し合いを断念したこと」を批判するものとなっていることがわかる。

この裁判では主に以下の二点が争点となった。第一点は、景観利益の認定と保護である。景観利益とは、良好な景観の恵沢《けいたく》を享受する利益のことで、環境権などと同じく現代に登場した法的概念である。景観利益を認めた最高裁判決はあるが、景観権は認められていない。法学的には景観権を環境権などと同様の権利とみなすのか、環境権に景観利益を含めるのか、といった点で議論が分かれている。そういったなかで、鞆港周辺で暮らしてきた原告住民は景観利益を享受していると認められるのか、そして埋め立て・架橋計画が原告の景観利益を損なうものであるのかが争われた。第二点は、計画決定の合理的根拠の有無である。これは道路計画を進める根拠となる交通量調査や環境影響調査の信頼性が争われたもので、同じく、埋め立て・架橋計画以外の方法による都市インフラ整備の可能性を十分に検討していたのかどうかも問われている。

この裁判は二年以上かけて審理され、二〇〇九年一〇月一日に広島地裁は、埋め立て・架橋計画の行政手続きを差し止める判決を下した。この判決の中で広島地裁は、地元住民が景観利益を享受していることを認め、この道路計画によって景観利益が損なわれると指摘した。さらに鞆の浦の歴史的景観は、その文化的価値・歴史的価値を考慮すれば、特別に保護すべき公的な価値があるものと認めたのである。そして計画決定の合理的根拠については、道路計画による影響や代替案の可能性などの検討が不十分であるとして、道路計画を進める合理的根拠を欠いていると判断した。この判決は、全国の町並み保存運動にとって画期的なものである。というのは、行政によるトップダウン的な開発政策に抵抗し、歴史的環境を守ろうとした住民運動の多くが、行政訴訟で敗北してきたからである。この背景には、とくに戦後以降、開発イコール進歩・発展ととらえ、町並み景観の保全は成長を阻害するとみなす考え方が主流であったことや、そもそも行政は公的に承認された政策を実行する機関であるから、裁判所がそれに介入すべきでないと考えられてきたことが背景にあった。

これまでの行政訴訟と異なり、鞆の浦の訴訟で広島県の主張がほとんど認められなかったため、広島県は控訴した。だが、控訴手続きの直前に、計画推進に慎重な姿勢を示す候補が知事に当選する。そして控訴審の事前協議において、裁判所が審理に入る前に当事者の話し合いによる問題解決を試みることを勧めると、新知事は、両派の地元住民と行政による話し合いの場として「鞆地区地域振興住民協議会」(以下、協議会)を設置した。そのため、鞆港保存問題の議論の場は、控訴審から協議会へと移ることとなった。

二〇一〇年末から始まった協議会では、弁護士を司会にして、県知事や副知事、道路建設派と鞆港保存派の住民代表が参加して、計一九回、一年八か月にわたって会合を重ねている[藤井2013]。この協議会は非公開で行われたため、具体的な様子は明らかになってはいない。それでも、ある鞆港保存派の出席者は、感情論に陥らずに理解してもらうように、粘り強く自分の見解を説明したと振り返り、道路建設派も新聞記者の取材に自らの考えを十分に主張できたと答えている。協議会は、納得するまで話し合う「村の寄り合い」のように、埋め立て・架橋問題を構成する諸々の争点を一つひとつ丁寧に検討していった。こうして協議会において、鞆の浦のまちづくりの諸課題は、埋め立て・架橋計画でまとめて解消するのではなく、個別の課題として解決していくことが合意されたのである。

この協議会の合意は、埋め立て・架橋計画の必要性が大きく低下したことを意味する。そこで広島県は、二〇一二年六月に埋め立て・架橋計画を撤回し、協議会では解決策が見いだされなかった通過交通による渋滞を解消する方法として、山側トンネル案を表明した。そして二〇一六年二月一五日、広島県知事は計画を正式に中止することを表明し、広島県は免許申請を取り下げた。これを受けて鞆港保存派の原告団も訴えを取り下げて裁判は終了する。その後、広島県の予算案からも埋め立て・架橋計画が削除され、この計画は完全に中止されることとなった。

福山市は、はじめは広島県の方針転換を厳しく批判していたが、二〇一六年から「鞆まちづくりビジョンワークショップ」を開催し、地元住民の意見交換の場を設けている。同年に選出された新市長は、広島県の山側トンネル案を受け入れ、埋め立て・架橋計画を前提としないまちづくりに取り組む方針を示す。そして二〇一七年にはユネスコ記憶遺産(朝鮮通信使)と重伝建地区、さらに二〇一八年に日本遺産制度にそれぞれ申請し、登録されている。また、福山市は独自の政策として歴史的な建造物を買い取り、防火水槽と観光関連施設の設置などに取り組んでいる。このように福山市もまちづくりの方針を大きく変えることとなった。道路建設派も、広島県が計画を中止する意向を表明した直後は、計画中止に強く反発していたが、徐々に計画中止を受け入れ、道路計画を前提としないまちづくりを考えるようになってきている。

こうしてみると、鞆港保存問題の意見対立が解決に向かって動き出したのは、一九回にもわたる話し合いの場＝「鞆地区地域振興住民協議会」であった。行政訴訟の判決は、両者が話し合う場を設定することにつながったという意味で、この問題に大きな影響を与えた。だが、広島地裁の判決そのものが鞆港保存問題を解決したわけではない。鞆港保存問題の決着を導き出したのは、協議会において地域住民が話し合いに向き合う姿勢であった。

このように、鞆港保存問題の長年の経緯を話し合いに注目して振り返ると、話し合いで物事を進めるという地域的伝統が反映されている場面を数多くみることができる。もちろん、少数意見を尊重して話し合いで物事を進めるというのは、民主主義的な規範として共有されている。だが、話し合いが鞆の浦ではとくに重要な意味を持つところに、この地域に伝統的に継承されてきたローカルな政治風土を見いだすことができる。鞆の浦の人びとは、さまざまな地域的伝統を受け継ぎながら、地域の課題に取り組んできたのである。本章の冒頭で、歴史的環境とは地域社会の生活文化や風土を表し、歴史や伝統を伝えるものであると述べた。鞆の浦の歴史的環境は、鞆の浦の栄枯盛衰の物語や港町の生活文化を表現すると同時に、目に見えない形で、鞆の浦の話し合いを大切にするローカリティも伝えていたのである。歴史的環境の継承の仕方が問われた鞆港保存問題に直面したとき、この問題の解決過程と結論は、歴史的環境を通じて地域社会に受け継がれてきた話し合いのローカリティによって決着までたどり着いた。その過程を経たからこそ、この結論が鞆の浦の人びとに受け入れられ、正統性を獲得したのである。

6 鞆港保存問題のその後――鞆の浦におけるまちづくりの課題

このように鞆港保存問題における意見対立は、話し合いの地域的伝統によって解決の道筋を見いだすに至ったと考えられる。しかし、まちづくりという視点で見ると、鞆港保存問題の決着は、鞆の浦のまちづくりの問題が解消したことを意味してはいない。まちづくりの営みは、一つの争点の結果で終わるものではないことを示すように、鞆港保存問題の区切りがついた後の鞆の浦は、次のような現状と課題に直面している［森久編 2019］。

まず、行政と地元住民の関係でいえば、信頼関係の構築が課題となっている。広島県は、埋め立て・架橋計画で埋め立て予定地だった地区に防潮堤の建設を計画しているが、地元漁師から強い反発を受けている。かつて鞆港保存派だった住民は、土木事業に頼る発想や地元住民の生活文化を尊重しない行政の姿勢は埋め立て・架橋計画の頃と変わっていないと批判する。福山市も、鞆港保存派の立場で町並み景観の保存活動やまちづくりに取り組んでいた地元NPOなどとは協力関係が構築できていない。そして、まちづくりの課題としては、まず、地元の生活世界に観光客が入り込むことで生活と観光が衝突する事態が生じている。また、鞆の浦には若者層の受け皿になる産業がないため人口流出は止まらず、地域の高齢化も進んでいる。その結果として、高齢者の住宅を子孫が相続しても住まないことから空き家が増えており、空き家問題が深刻な課題の一つとなっている。

そして隠れた重要課題と考えられるのが、鞆の浦の周辺地域のまちづくりである。鞆港を核とした鞆の浦の中心部では、重伝建地区などさまざまな政策を組み合わせて歴史的環境の保全を進めているが、その一方で、周辺地域のまちづくりについては具体的な方向性が定まっていない。そもそも、埋め立て・架橋計画に強く賛成していた地区の一つは鞆の浦の周辺地域に位置しており、道路建設による恩恵を受ける地域であった。しかし、歴史を振り返ると、この地域は都市整備が後回しにされてきたことがわかる。だからこそ、埋め立て・架橋計画という千載一遇の機会に強くこだわったのであった。したがって、周辺地域の生活環境の改善を置き去りにして、中心部のまちづくりを進めるだけでは、両者の潜在的な緊張関係は解消されない。そして場合によっては、鞆港保存問題とは別の形で、新たな地域問題が生じることにつながるであろう。

三〇年近く続いた鞆港保存問題を経て、歴史的環境を受け継いでまちづくりを進めるという方向性は定まった。しかし、どのようにそれに取り組むのかについては、地元住民の間で考え方にズレが生じている。同じ鞆港保存派の間でも、具体的な活動方針、目標や将来像について住民の考え方は少しずつ異なるため、一つの方向にまとめるのが難しくなったのである。おそらく道路建設派の住民においても同じようにズレが生じていることであろう。ただし、これは地域社会がばらばらになったことを意味するのではない。個人個人の「まちづくりの思想」や「鞆の浦の将来像」が、鞆港保存派／道路建設派のいずれかの枠に押し込められていた状況から解放されたことを示している。鞆港保存派／道路建設派という垣根がなくなり、住民一人ひとりが、鞆の浦の将来像やまちづくりの方向性を表現できるようになったのである。

まちづくりとは、さまざまな課題に日々取り組む実践の積み重ねであり、それは世代を超えて継承されていくものである。そして地域社会は、人びとの「まちづくりの思想」や「地域の将来像」が絡まり合いながら歴史を重ねていく。実のところ、人びとによるそうした豊かな営みこそが歴史的環境を生み出していくのである。鞆の浦では、地域的伝統を表象する歴史的環境が、世代を超えて継承されたことで、話し合いの地域的伝統を維持してきた。そのことによって鞆の浦は、鞆港保存問題という意見対立を乗り越えて、まちづくりのスタート地点に再び立つことができるようになったともいえるだろう。そして今後、まちづくりの営みのなかで、さまざまな意見の相違や対立が生じたとしても、それを話し合いの地域的伝統で乗り越えていくことができるのではないか。いずれにせよ、今後の鞆の浦のまちづくりの行方は、歴史的環境が重要な鍵を握っていることは間違いないだろう。

コラムA

「よそ者」として地域に寄り添う
——アフリカゾウ獣害問題の現場から

◆岩井雪乃

環境社会学は、公害問題への取り組みから始まっており、課題を抱えた地域に寄り添おうとする学問である。そのとき、環境社会学者は、傍観者として客観的立場にいるのではなく、しばしば地域のアクターの一人となって、状況の改善に深くコミットしている。その現場で、多くの研究者は、自分のコミットの仕方は「正しい」のか、誰かを傷つけてしまわないか、いわゆる「よそ者」である自分が地域に寄り添うことは可能なのか、といった自問自答を繰り返している。本コラムでは、地域への関わり方を試行錯誤してきた研究者の一人として、私の経験、すなわち「アフリカゾウ獣害問題」が発生している現場での「地域への寄り添い」を振り返り、「よそ者」に求められる構えを考察したい。

アフリカゾウ獣害問題

活動地は、東アフリカ、タンザニアのセレンゲティ国立公園で、世界で人気の観光地である。近年では、アフリカゾウの個体数が約六〇〇〇頭と、一九八〇年代からの保護政策の成果で順調に増加しており、タンザニア国内のゾウの七分の一が生息する重要な保護区である。

この国立公園に隣接するセレンゲティ県の村々で、私は一九九六年から、地域住民と野生動物の関係性について、フィールドワークを行ってきた。国立公園と村の境界には柵がなく、動物は、二つの領域を自由に行き来できる状態にある。この村々で、二〇〇〇年代に入ってから問題になっているのが、「アフリカゾウ獣害問題」(ゾウによる農作物被害と人身被害）である。当初は年に数回だったゾウによる畑の襲撃は、年を追うごとに頻度と範囲を拡大しており、近年では国立公園に隣接するすべての村（二六村、人口合計七万人）で被害が発生している。被害が深刻なミセケ村では、二〇一八年には年間一三四日のゾウの襲撃があり、その群れの規模は一〇〇頭を超えることもあった［岩井 2018］。ゾウの襲撃による死亡事件も毎年発生しており、二〇一九年には、セレンゲティ県で年間七人がゾウに殺され、過去最多となってしまった。

対策の試行錯誤

このように被害が拡大するなかで、私は、二〇〇五年に被害対策活動を、ミセケ村の農家の方々とともに開始した（「アフリカゾウと生きるプロジェクト」NPO法人アフリック・アフリカ）［岩井 2017］。それは、試行錯誤の連続だった。まず試したのは、隣国ケニアで、ゾウの忌避効果が高いとする論文［King et al. 2009］が発表されていた「養蜂箱フェンス」だった（写真A−1）。村人にケニアへ研修に行ってもらった結果、ぜひ実施したいということになった。しかし、いざやってみると、論文のようにはうまくいかなかった。セレンゲティ地域は乾燥が強く、忌避効果を出すほどに蜂の生息密度を高められず、自然環境に制約があった。また、養蜂箱のメンテナンスコストが高いことも、普及しない要因だった。私としては、日本の技術ではなく、隣国ケニアの手法ならば地域に適応できるのではないかと考えて試みたものだった。しかし、よりミクロなレベルで、地域の自然環境や人びとの費用対効果の感覚を理解して寄り添う必要があることを痛感した。

写真A−1　養蜂箱フェンス．養蜂箱を10mおきに設置して畑を囲う
撮影：筆者

次に試みたのは、ミセケ村の隣村の農家が実践していた「ワイヤーフェンス」だった。これは、**写真A-2**のように一本のワイヤーを一・五メートルの高さで木のポールに張っただけで、ゾウが本気になればすぐに壊せるものだった。それでも、その農家の畑にはゾウが入らなかった実績があり、藁《わら》にもすがる思いのミセケ村の農家の方々は、可能性があるなら試したいとの意見だった。半信半疑ながら導入してみると、たしかにゾウ群はワイヤーの手前で立ち止まり、ワイヤーが途切れるところがないかを探すのだった。ワイヤーでゾウが右往左往している間に人間が追い払いに行くと、簡単にゾウを国立公園に戻すことができた。また、簡易で脆弱なつくりにはメリットもあった。メンテナンスが簡便なので、たとえ壊されても農家が自力で補修できた。ワイヤーフェンスは、良い方向に私の予想を裏切ったのだった。

写真A-2 脆弱そうだが効果のあるワイヤーフェンス
撮影:筆者

終わりのない相互作用と内省

ゾウ獣害によって、セレンゲティ県の人びとは、生活が困窮し、不安に怯えながら暮らさなければならなくなっている。そんな状況を少しでも変えたいと、私は対策のお手伝いをしてきた(写真A-3)。しかし、「地域への寄り添い」は、うまくいくとは限らなかった。養蜂箱フェンスの場合は、科学的な裏付けがあったにもかかわらず、地域にうまく適合し

写真A-3 住民集会でゾウ獣害対策を話し合う筆者

なかった。また、ワイヤーフェンスの場合は、先進国の私からは効果が薄く見えたが、実はこの地域にとっては効率的でちょうどよい方法だった。地域の方々がワイヤーフェンス導入に積極的だったのは、それを直感的に理解していたのかもしれない。

うまくいかないときもあったが、私の試みがまったく無駄だったとは思わない。セレンゲティ県の農家は、構造的な弱者である。一九五九年に国立公園が設立されたことで、土地と狩猟の権利を奪われ、その後、観光産業の恩恵に浴することもなく、農業をしながら、毎日を生きるのに精一杯だ。ゾウ対策をしようにも経済的な余裕はない。そこに、養蜂箱やワイヤーフェンスといった新しい対策の実証実験を私が支援したことは、一定の意義があっただろう。

環境社会学者は、問題解決に役立ちたいとの想いから地域に関わっていくが、外部からの思い込みを押しつける危険性を伴う。それを常に戒めながら、同時に、「自然環境とそこで生活する人びとの結びつき」の多様さを謙虚に学び、失敗を「発見の喜び」に変えながら付き合うことが必要だと感じている。それは、「よそ者」と「地域」の終わりのない相互作用であり、自己を客観視する内省のプロセスだと考えている。「正解」のない「地域への寄り添い」を、これからもセレンゲティで模索したい。

コラムB

防潮堤をめぐる地域の声と環境社会学の実践

◇山下博美

環境社会学研究の魅力は、地域の人たちに近づきながら、絶えずその人たちの言葉に鍛えられる感覚を得られることである。私はこれまで、干潟《ひがた》や海辺の再生などの環境保全事業に対して、住民が実際にどのように感じ、評価しているのか、「よそ者」として少し離れた距離から調査してきた。だが、二〇一五年に実家のある町で開かれた防潮堤建設事業の説明会に参加してからは、環境社会学の新たな強みを知ることになった。

高知県が「国土強靭化」の予算を活用し、工事を進めている防潮堤建設事業は、松田川の河口を埋め立ててできた宿毛《すくも》市市街地と陸続きとなった島を取り囲む形で行われることとなっている（写真B-1）。南海トラフ地震が発生した際には想定二・四メートルの地盤沈降が起こるとされる市街地に、満潮時に海水が入ってこないよう、あらかじめ堤防の嵩上げと耐震（堤体補強、液状化対策）を行う「長期浸水対策」である。南海トラフ地震時の想定津波高は約九メートルであるため、海抜三・八メートルの新設堤防で津波侵入は防げないが、その力を一部でも弱くする効果が期待されている。

小さな声からの大きな学び

防潮堤建設に関し、さまざまな意見が地域に存在することは容易に想像できるだろう。当初は「建設は決まったこと」としてデザインも含め議論が進められようとしていた状況に対して、地域では期待と同時に不安の声もあがった。何を安全と思い、リスクと思うかは、人それぞれ多様である（リスクの多元

写真B-1
上空からみた地域
写真提供：堤防特別委員会委員

写真B-2　船舶避難港となっている海辺の様子
撮影：筆者

性、多重性）。普段のおしゃべりのなかで、堤防に対する意見の背後に職業や経験に基づいた多くの知恵を発見することができた。例えば、火災時に海水を消火水として歴史的に使ってきた片島区では、消防団が現在使っているポンプを堤防を乗り越えさせて使うことが難しくなることのほか、水圧低下や活動中の団員の安全も懸念された。木造建築が多く、二〇二〇年に起こった火災では、海からの出水の準備をしている間にあっという間に五軒に火が広がった。二〇二一年には、堤防がない場所で海から取水できたため、九軒で収まった火災もあった。また、磯釣りのメッカである宿毛湾にお客を運ぶ渡船業者や漁民からは、一〇〇キログラムを超えるクーラーを陸側からいくつも船に載せないといけないことや、海辺の事故があっても、これまでの低い堤防では、道側を歩いていた人たちに発見され助けてもらったという話を何度も聞いた。これらは「堤防反対の人の意見」として片づけることはできない。堤防に賛成の人でも、普段の使い勝手や堤防内に海水が入った後の排水対策への懸念など、予見されるリスクを敏感に感じ取っていた（写真B-2）。

皆が賛成できる一致点を探すことを目標に、若手の有志や区が、堤防について考える機会を定期的に持った。会議には、多様な職種の人に参加してもらい、区民へのアンケートやポスター作成、カフェや巡行船乗り場での地域の３D模型展示や意見収集を

写真B-3　地域の3D模型を巡行船乗り場やカフェに展示し，住民から幅広く意見募集した
撮影：筆者

写真B-4　地域の3D模型に旗で刺された多様な意見をもとに，話し合いを繰り返していった
撮影：筆者

行った。賛成か反対かよりも、その理由づけを聞く機会が増やされた。また地域には、さまざまな理由で会議に出られない人たちも多くいることがわかった。それらの声やアイデアが、話し合いが進むにつれ消えていくことがないよう、整理をして箇条書きにし、話し合いのテーブルに繰り返し載せてきた。これまで環境社会学で培ってきた現場主義や、会議の書き起こしや整理力、小さな声の丁寧なすくい上げが、地域の人たちが持つ期待と不安のまとめ作業に力を貸してくれた(写真B—3・B—4)。

地域ごとの意思決定の仕組みをとらえる

このような将来にわたって影響を与える事業に関しては、とくに「手続き的公正の担保」、つまり「地域の決定」とする前の意思決定の手続きの過程を逐一明らかにし、区の役員や区民にオープンにしていくことが最も大切だと感じた。私は区の役員となるまで、恥ずかしながら「地域の決定」というものが自分の地区でどのような形で行われるのか、まったく理解していなかった。年間五回行われる役員会では、区民に諮《はか》る事項が決定されるが、役員会だけでは十分に話し合いができない案件や、役員以外の人が入った方が議論の質が高くなる案件に関しては、特別委員会が設置される。設立までに時間はかかったものの、立命館大学都市空間デザイン研究室にも力をお借りし、「堤防特別委員会」が設置されたことで、地域の合意形成や提言書作成が大きく進んだ。委員会には行政担当者も招待し、区民には経過を全戸配布の通信などで知らせながら、最終的に年に一度の区の総会で、区としての要望書と提言書が確定した。

過去の公共事業に関しては、行政が区役員のみに説明し、そこで質問がなければ了承したということになった、あるいは、区長がよいとすればOKとされたこともあったと聞いた。実際に、地域の役員には女性がほとんどいないばかりか、子育て世代が参加できにくい時間帯でもあり、区民の幅広い意見を取り入れることは難しい環境がある。防潮堤の話し合いの経験から、地域や行政の意思決定の仕組みや慣習の理解の重要性を改めて感じた。そして、しっかり話し合いを行う地域は素晴らしい、とされる風土づくりも今後より大切になると感じた。

信頼に根差した社会を目指して

環境や開発に関わる問題は「やっかいで複雑」とされるが、対立軸ではなく、「共通項探し」ととらえることで、気が楽になるように思う。防潮堤の問題は、「景観vs.命」の問題として簡単に整理され報道されることが多いが、この地区ではすべて「命」の問題ととらえることができた。南海トラフ津波時も、火災・豪雨などの災害時も、平常時も、どの時点でも命を守りたい。その思いが、二四ページにわたる要望書と提言書をつくり上げ、「地区住民の意見合意」を達成した。例えば、平常時には開放しているゲートをできるだけ多くつくること。その場所についても細かく話し合われた。官民の話し合いを通じて、浮力で立ち上がるフラップゲートの設置要望の方針が固まった。同時に、ゲートの数や排水対策など、住民意見の設計への反映はまだ道半ばで、今後、県との合意過程が控えている。

防潮堤のような「やっかいで複雑」な議題が地域にあったからこそ、知らない人たちとのつながりが生まれ、反対/賛成の関係なく今後も深い話ができるご近所さんたちが互いにできたこと、そして、このような活動には、住民同士のみならず行政に対する信頼の向上や、自治力向上の機会が多く隠されていることも知ることができた。

小さな町ならではの「しがらみ」はありつつも、意見が食い違っても後々に許し合ったり、別の決定や作業で持ちつ持たれつし合いながら、一つの地域がゆっくり時間をかけて形成されていく様子の一端を経験できたことは、一住民としても研究者としても貴重な糧となった。また、意見が違っていたからといって引っ越しをしない人たちが培ってきた寛容さにも多くを学び、私自身も助けられている。

II

知識と資源を使って協働のプロセスを生み出す

第4章

多様な人材との共創で価値を転換する

地域に這いつくばって起こす獣がい対策のソーシャル・イノベーション

鈴木克哉

1 多様で複雑な獣害

❁多様な獣害

人と野生動物の軋轢《あつれき》（獣害）は全国で深刻な問題となっているが、一筋縄ではいかない複雑な問題（「やっかいな問題」）といえる。環境と社会に関する多くの要因や要素、事情が入り組んでいて、相互に関係し合って問題化しているからだ。

第一に、問題の種類や性質が多様である。まず、「獣害」と聞いて最もイメージしやすい農作物被害では、全国で年間約一五六億円（うち鳥類約二八億円）もの経済的なダメージがあり、森林被害も全国で約四六四〇ヘクタール発生している（二〇二二年度）。

数値化されにくい「獣害」も多い。個体数が増加したシカは過度な摂食で森林内の下層植生を衰退させたり、希少な植物が絶滅の危機に瀕していたりするなど、生物多様性保全や景観保全、森林の公益的機能全般に大きな影響を与えている。イノシシはミミズや昆虫、植物の根などを食べるために畦畔《けいはん》や道路脇の土を掘り起こすが、その修復作業として多大な労力や資金を住民に強いている。ヌートリアが川の堤防やため池の土手に巣穴をつくると落盤や堤防崩壊の恐れが発生する。屋根裏にアライグマやハクビシン、イタチといった中型動物が棲み着き、騒音、糞尿被害に悩まされる事例も多い。人や家屋に慣れたニホンザルは、瓦《かわら》をめくったり雨樋を壊したりするほか、人を威嚇したり、倉庫や民家に侵入して食べ物を物色する。また、クマは自家消費用として昔から植えられている柿を食べに集落に出没するほか、不意に遭遇して起こる不幸な人身事故が大きな問題となることもある。これらは住民の安全・安心な暮らしを損なう生活被害であり、恐怖や不安をもたらす精神的被害としても無視できない問題である。ひとことで「獣害」と言っても、その内容は幅広い。

❁複雑な獣害

第二に、獣害を受ける地域住民の価値認識も多様で複雑だ。例えば同じ「農作物被害」であっても、経済的価値の高い販売用作物を生産している農家と、自家用野菜を栽培している農家では、被害の受け止め方や意味合いがまったく異なってくる。

環境社会学はこうした地域住民の立場や日常の価値観に迫ってきた。例えば野生動物や獣害対策について、地域住民には単純に「害」という評価だけではない、複雑で多様な価値認識が存在することが指摘されている［丸山 1997; 赤星 2004; 鈴木 2007］。さらに獣害対策の実践場面においても、住民は被害の軽減に対して一枚岩となって取り組んでいるかというとそうではないことも多い。自家用農業のように、経済的な動機づけより社会的・精神的な価値が優先されるような農業では、収穫することの価値が不明瞭な場合があり、対策を行う段階で「被害が許容されている」ケースがある［鈴木 2007, 2009; Suzuki and Muroyama 2010］。また、専業農家であっても、収益の向上に直接的に寄与しない対策に対しては、個人の経営的な判断のうえ、「対策をしない」という合理的な選択がされることもある［鈴木 2013］。

当事者が被害を受け入れているのであれば問題にならないのではないか、と思うかもしれない。しかしながら、たとえ対策を行う段階では許容していたとしても、実際に被害を受ければ負の感情が生じてしまうのは避けられない。さらに被害が継続すれば、集落や地域社会において、野生動物に対する否定的見解が共有されることとなり、地域での会合や懇談会、議会などで、住民の代表者が被害の窮状を行政に訴える際、被害に対する否定的な見解のみが「代弁」「強調」されるなど被害認識が先鋭化してしまう［鈴木 2008］。とくに対象動物を保全しなければならない状況であり、被害経験を共有しない「よそ者」と対峙する場面ではこの傾向が強くなり、社会問題化しやすい。そして、こうした意思表示の場面では、日常の被害農家の複雑な心情が表面化することはないので、行政による施策が現場の状況とはかけ離れたものとなって問題解決につながりにくい。

獣害問題は野生動物による物質的な被害が根源となっているが、たとえ同じ被害を受けたとしても、農作物への価値認識や周囲の支援のあり方、関わり方によって、地域住民の受け止め方は異なってくる。これらの社会的要因は地域によって変わるものであるし、地域で発生している獣害は農作物被害だけではない。それぞれの問題において特有の経緯や状況、利害関係者が存在するので、社会問題としての獣害はかなり複雑な構造を持つことを理解することが大切である。

このように多様かつ複雑な獣害に対して、人びとは明快かつ抜本的な解決策を求めがちであるが、なかなかうまくいかない現実がある。次節では、獣害対策として望まれる代表的な施策とその問題点について紹介したい。

2 獣害への対応を問い直す

◆「捕獲」は問題を解決するか

「被害を与える野生動物を捕獲してほしい」。

「捕獲を強化しないと抜本的な対策にならない」。

加害野生動物の捕獲は、多くの被害農家から強く要望される対策である。一般的にも獣害対策＝捕獲と考える人は多いだろう。実際、国は二〇一四年に鳥獣保護法を改正し、従来の「保護」を中心とした対策から、積極的な捕獲も含めた「管理」への転換を図り、ほとんどの地域で狩猟期以外にも自治体による有害鳥獣捕獲が進められている。

では、捕獲を進めていけば獣害は解決するだろうか。結論を先に述べると、答えは「ノー」と言わざるをえない。たしかに農地に出没している野生動物を捕獲できれば、その個体による被害は直接的に解消されるかもしれない。しかし、すぐに周囲に生息している別の個体による被害が発生する。また、捕獲に従事できる者は限られるので、現場のニーズに対して加害個体をタイミングよく捕獲することが難しい場合が多い。そもそも「加害個体を特定して除去する」ことを目指した捕獲を実施しているケース自体が少ない。

もっとも、捕獲には「個体数調整」の役割も期待される。対象とする野生動物が増えすぎないように(あるいは減りすぎないように)、自治体が広域的な視野で計画的かつ科学的に全体の生息密度をコントロールしていくことは重要で、野生動物管理の基本的な柱の一つとされている。ただし、これは一つひとつの農地を守ることとはかけ離れた対策であるということを理解しておかなければならない。

❁ジビエ推進は一石二鳥の施策か

捕獲した野生動物(主にシカやイノシシ)を有効活用して、地域振興にも生かそうとするジビエ政策が国主導で推進されているが(ジビエ〔gibier〕とはフランス語で野生鳥獣肉のこと)、これも注意が必要である。食肉利用が前提となると、安定供給や品質保持のために捕獲・搬出しやすい場所・方法での対処が優先されるため、今まさに農地で被害を出している加害個体を捕獲してほしい被害農家の需要と本質的に合致しない。また、ジビエにより利益を得るのは加工処理・販売に携わる者であるので、被害を受けている農家や地域住民に還元される仕組みがない限り、受苦者と受益者が乖離してしまう問題も孕んでいる。

地域や季節によっても変わる野生ならではの滋味《じみ》深いジビエの味わいは他にとって代えることのできない地域資源だといえる。捕獲個体の多くが廃棄されている現状に対して、できるだけ命を無駄にせずに活用していこうという発想も大切だ。そんな想いを抱き、多くの若者が農村に移住して食肉加工処理施設を起業している。しかしながら、ジビエは獣害対策として一石二鳥の施策などではない。課題解決のための分析やスキームがないまま多額の税金（補助金）が投入されているが、単純にジビエを推進したからといって問題が解決するわけではない。

◆地域主体の対策で問題は解決するか

行政主導で行う捕獲や個体数管理の限界を補うため、近年推奨されているアプローチとして、地域主体の獣害対策がある。対策を行政任せにするのではなく、住民自らが被害発生要因や被害対策のための知識を学習したうえで、地域が主体となって「集落ぐるみ」で被害軽減を図る方法論である［井上 2002; 室山 2003］。最近では、地域が実施可能な具体的な技術開発が進み、普及材料も揃ってきた。効果を実証する事例も積み上げられるようになってきており、地域が主体となって集落ぐるみで獣害対策を行うことは、獣害を効率的に軽減するための科学的な「正論」と位置づけられている。

ところが、実際に獣害対策を地域に普及しようとした際に、現場でなかなかうまくいかない場合も多い。まず、農村では人口減少・高齢化が進行していて、方法論としてはそうした方がよいとわかっていても、担い手が不足しているという現実がある。さらに、先述したように住民のそもそもの価値認識によっては、単純に情報提供を行うだけでは住民の意欲を向上させることが困難な事例も多々ある［鈴木 2007, 2008］。

絶滅が危惧されるような種や地域で、「捕獲」が制限されるなど保全にも配慮しなければならない場合はとくに難しい。地域主体の対策が被害軽減のための「正論」であったとしても、協議の場では「なぜ捕獲できないのか」という捕獲の是非に論点がすり替わってしまいやすい。そのため、施策をめぐって利害関係者間の意見の対立が生じやすく、獣害対策の推進が阻害されてしまうこともある［鈴木 2013］。

❁問題解決の枠組みをとらえ直す

こうした対策が「獣害問題」解決のために模索されてきた一方で、獣害対策は地域が抱えるさまざまな課題の一つにすぎないという事実にも着目しなければならない。多くの農村では、人口減少・高齢化の進行により、農地や山林の管理、草刈り等による景観の維持、伝統的な祭礼や行事の運営、医療や福祉サービスなど、これまで執り行われてきた集落活動や生活をどのように維持していくかという課題を抱えている。獣害対策は緊急度・優先度の高い課題である場合が多いものの、獣害以外の課題が優先されることもあるし、被害が軽減されても他の課題がなくなるわけではない。たとえ現在、対策をうまく進めていて被害を抑制している地域であっても、一〇年後に地域が衰退し、獣害対策の担い手も不足すれば、また被害は深刻なものになる。

獣害は地域が抱える諸課題と相互に絡まる形で存在しており、そのことこそが「多様さ」や「複雑さ」の原因と考えることができる。こうした構造に対して、これまでのように「獣害解決」という枠組みで「捕獲」や「ジビエ」、「地域主体の対策」といった解決策で対応しようとしても、どうしてもうまくいかない現状に突き当たってしまう。状況を打開するためには、問題の枠組みやアプローチを変革して問題解決にあたる（ソーシャル・イノベーションを起こす）必要がある。

獣害問題のソーシャル・イノベーションとは

ソーシャル・イノベーションとは社会変革と訳され、社会課題に対する革新的な解決法やビジネスモデルの変革を指す。既存の解決法より効果的・効率的かつ持続可能であり、創出される価値が社会全体にもたらされるものとされている。獣害問題の解決に向けてはどのようなソーシャル・イノベーションが求められるだろうか。これまでの議論を踏まえると、以下のポイントが挙げられる。

①ビジョンの組み直し

まず、問題解決の枠組みを「獣害解決」からずらして、被害を受ける当事者だけでなく地域内外の多くの人に共感される目標へと再設定することである。筆者は、多くの農山村社会が現在目標としている「地域再生」へと目標を昇華させていくプロセスをデザインしながら、その文脈のなかで地域が抱える諸課題と獣害対策の課題を結びつけて、問題解決を図るアプローチを提案している［鈴木 2013］。

② 価値の転換（新しい価値の共創）

「獣害」というネガティブな価値を地域にとってポジティブなものに転換する必要がある。ただし、それは被害を受ける農家に還元されるものでなければならない。確実な手法で「害」を軽減する方向性に加え、獣害対策や地域再生といった新たな目標に取り組むことで、獣害を受ける当事者（受苦者）に何らかの利益が還元されるように新しい価値を創造していく必要がある。筆者はそのような取り組みを具現化するために、従来の「獣害」に対比して、「獣がい」という新しい言葉を提唱している［鈴木 2017］。

③ 多様な人材の参画

人口減少・高齢化による担い手不足は、獣害対策だけでなく他の諸課題と共通して問題となっている。当事者だけで問題解決にあたるのではなく、都市部人材や地域内の若年層、非農家など多様な人材の参画を促す。異なる立場や業種の人・企業・団体が共創することで、今までの農村になかった新たな商品・サービスや価値観などをつくり出していくことが可能になる。

以降は、筆者がこうしたアプローチを社会実装する試みのなかで見えてきた成果や課題を振り返りつつ、獣がい対策によるソーシャル・イノベーションの可能性について論じる。

3 ソーシャル・イノベーションの試み——丹波篠山市における実践

◆NPO「さともん」が目指す中間支援のソーシャル・ビジネスのモデル

特定非営利活動法人「里地里山問題研究所」(略称、さともん)は、二〇一五年五月に兵庫県丹波篠山《たんばささやま》市に設立された。さともんの理念は「獣がい対策で農村の未来を創る」。地方自治体や関係団体と連携して、住民に身近な立場で地域の獣害対策をはじめとするさまざまな課題解決の支援をしつつ、それをきっかけに地域を元気にしていく活動を展開する。具体的には里山での暮らしや四季折々の豊かな農林産物の魅力を発掘して製品化を図り、地域のコミュニティ・ビジネスを支援するなど、地域再生活動にかかる事業を展開する。地域住民とともに、獣害から守り継承していきたい農村の豊かさを伝え、共感してくれるさまざまな人でともに守り、分かち合い、継承するネットワークづくりを行い、持続的に運営していくためのソーシャル・ビジネスのモデルをつくることを目指している(図4-1)。

さともんの活動の核でもあり、最初に取り組んだのは、都市部人材の活用である。本来は地域が主体となって実施することが望ましいが、労力が不足しているため地域住民だけでは実施できない作業(獣害対策、草刈り、耕作放棄地の解消など)を外部人材の力を借りて行うというものだ。獣害や農村課題に関わりがなかった人材に関心を持ってもらい、現地に足を運んでもらうために、複数地域でさまざまな活動を展開しているが、ここでは、最も集落課題に関連した活動を展開して

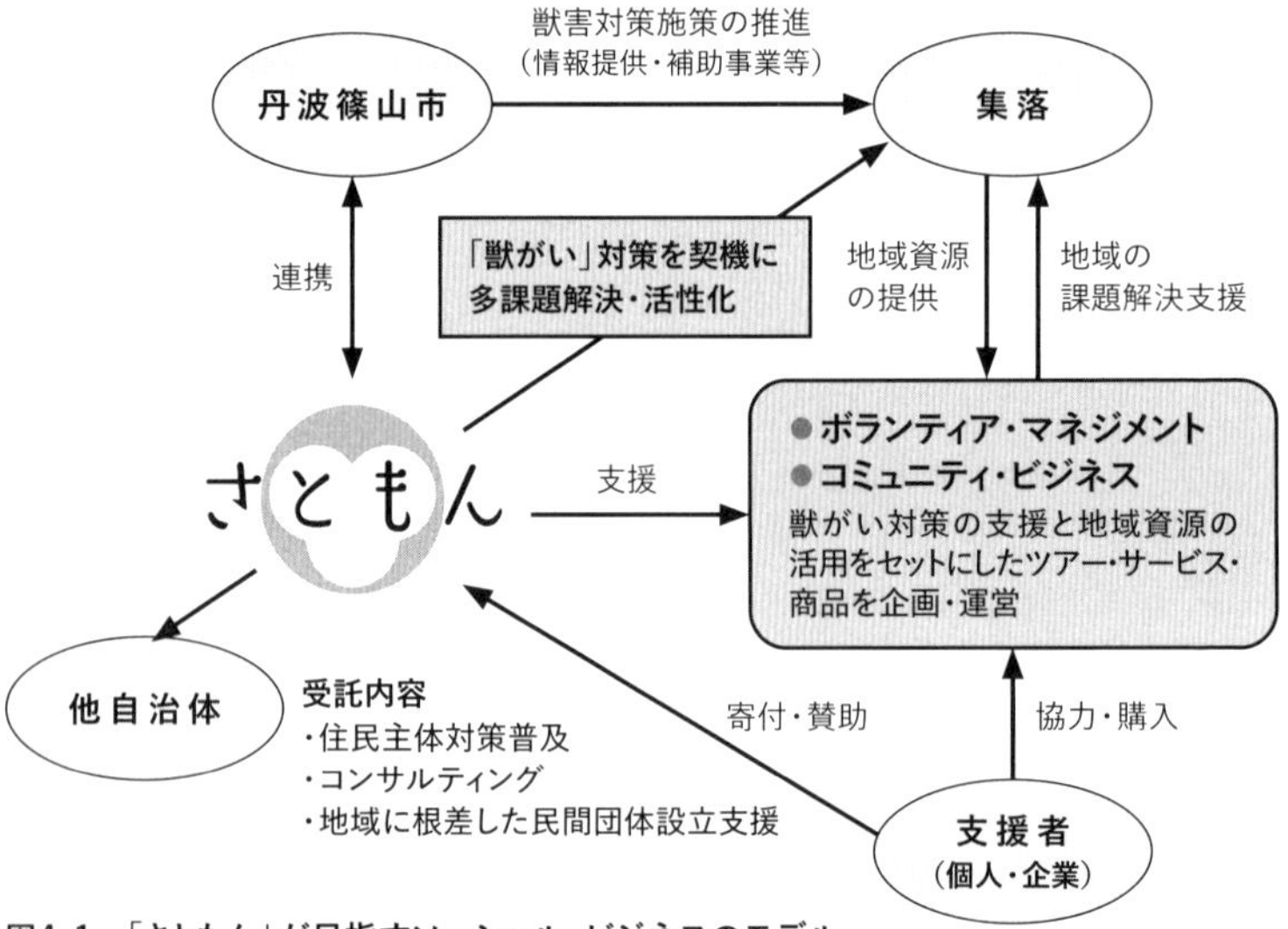

図4-1　「さともん」が目指すソーシャル・ビジネスのモデル

ボランティア・マネジメントやコミュニティ・ビジネスを展開して，多様な外部人材とともに，
獣がい対策を契機に集落の他課題を解決し，地域活性化を支援する．
出所：筆者作成．

いる川阪《かわさか》集落の事例を紹介する。

◆外部人材とともに進める地域再生

丹波篠山市川阪集落は広葉樹林の里山、護岸工事の施されていない清流があり、希少種を含む多様な生物を育む自然豊かな環境に恵まれている。一方、集落の人口は三三人（二〇二三年現在）、うち六五歳以上の高齢者が一六人（高齢化率は約五〇％）、三〇歳以下人口はゼロであり、共同体の機能維持が限界に達している状態を指す「限界集落」寸前の集落である。獣害対策だけでなく、人口減少・高齢化による耕作放棄地の増加、景観を維持していくための草刈り等の環境管理能力の低下が課題であるほか、八五〇年以上の歴史がある地域の祭りの運営にかかる労力の確保が課題で、伝統行事や文化の継承も危ぶまれている。

二〇一五年、設立当初のさともんに当時の自治会長から相談があり、川阪集落に対する支援活動が始まったが、定めた目標が「地域再生」であった。獣害対策にとどまらず、川阪の実情や未来へ継承していきたい豊かな自然・文化・生活を都市部に向けて発信し、まずは外部人材に川阪集落との関わりを持ってもらうために、耕作放棄地でお米づくりのオーナー制度を開始させた。二年目には、獣害柵の点検や河川の草刈り、環境整備など、人材が不足している地域活動にも支援を広げ、三年目となる二〇一八年には、八五〇年以上の歴史がある春日神社の例祭で久しく途絶えていた山車《だし》の巡行を約八〇年ぶりに復活させる企画を実施した。お米オーナーだけでなく、関心のある都市住民にも参加を呼びかけるほか、地元出身者や子どもたちや兄弟（他出子《たしゅつし》）も駆けつけ、本堂から集落までの約四キロメートルの道のりを巡行した（**写真4-1**）。

写真4-1　外部人材の支援によって約80年ぶりに復活させた，集落から本堂までの山車の巡行（2018年）
撮影：筆者

写真4-2　クラウドファンディングで中古トラクターを購入（2021年）．
従来以上に効率的に耕作放棄地を活用するために，
参加メンバーが企画，立案，資金集めに積極的に関わった
撮影：筆者

こうしたことを契機に地域の活性化を推進していこうと、「川阪活性化委員会」が地域に設立された。四年目となる二〇一九年からは、さらに高頻度で地域活動を支援するために「川阪オープンフィールド」（以下、川阪ＯＰＦ）という活動をスタートさせた。

川阪ＯＰＦは、耕作放棄地や未活用資源（山林や河川など）をオープンフィールドと称して、これらの有効活用をテーマに二週間に一回程度の頻度で開催。お米づくり、野菜づくり、山菜採り、干し柿づくり、堆肥づくりなど、都市住民にとっては気軽に農村体験ができるほか、地域にとっては、獣害柵点検、景観維持活動（草刈り、ごみ拾い）、秋祭り運営など、地域だけでは不足しがちな労力を外部人材がサポートできる仕組みとなっている。地域外参加者は、二〇一九年度は二〇四名、二〇二〇年度は五六〇名、二〇二一年度は八六六名（いずれも延べ人数）が参加するなど年々増加傾向にあり、耕作放棄地の再生面積も増加している。二〇二一年には中古トラクター購入の

ためにクラウドファンディングに挑戦し、資金調達にも成功した(写真4-2)。

◆関わりの深化

川阪ＯＰＦでは、外部人材が耕作放棄地の活用や地域支援活動へ参加するだけでなく、新しい価値づくりへのチャレンジも芽生えている。耕作放棄地でお米づくりや野菜づくりに取り組んでいるが、二〇一九年に収穫した米の試食会を行った際に、「持続可能なお米づくりについて考える」ワークショップを行い、米の販売価格が安価であり、利益がほとんどないか、状況によっては赤字になってしまう現状について参加者と共有した。例えば、その年に川阪ＯＰＦでは六畝の田んぼから一八〇キログラムの米が収穫できたが、約七万五〇〇〇円の経費がかかっていた(耕運等の作業委託費を含む)。収穫した米を販売する際に農協の買取価格だと三〇キログラム一袋で約七〇〇〇円ほどであることから、一八〇キログラムでは四万二〇〇〇円の売り上げにしかならない。獣害対策を行う場合、さらに経費が必要となる。こうした状況では農家がお米づくりを継続できず、今後さらに耕作放棄地が増えていくという危機感を共有し、川阪でつくった米に付加価値をつけて販売するための戦略を参加者で考えた。その結果、源流の集落であることを生かし、ホタルが飛び交う豊かな環境を守るために農薬不使用天日干しのお米として付加価値をつけた「源流天日干し米　川阪のしずく」が生まれた。さらに、川阪ＯＰＦの活動への想いやストーリーをメッセージとして伝え、自然環境や食育に関心のある子育て世代をターゲットに、二合に小分けして五〇〇円で販売する計画が立てられた。同じ収量で計算すると約二五万円の売り上げ、お米の価値を約六倍とする計画である。

参加メンバーの関与は計画づくりのみならず、友人や知人、仕事関係者に紹介するなど、販売促進にまで協力してくれることになる。二〇二〇年度は初めての無農薬栽培の影響もあって収量が例年の約三分の一となったが、すべてのお米を販売して一〇万二〇〇〇円の売り上げを得た。そして二〇二一年度は一八〇キログラムの収量を得て完売。二五万円の売り上げを達成した。このことは外部人材が協力することによって、赤字だった農地の価値を約六倍に向上させ、ポジティブな価値を地域に提供した事例といえる。

4 関わりの広がりと獣がい対策の展開

❖獣がい対策実践塾

主に都市部住民を対象とした人材活用だけでなく、市内の若年層に対するプログラムを通じて、「獣害」そのものの価値を転換させようという動きも広がっている。「獣がい対策実践塾」は、二〇一八年度から毎年開催している丹波篠山市主催の人材育成プログラムである。これまで「獣害」問題と直接関わりがない人材を対象に、獣害や農村の課題について現場実習を通して学び、被害を受ける当事者だけでなく地域内外の多様な関係者が協力して、地域を活性化させる「獣がい対策」の方法を検討している。企画運営として、さともんが関わるほか、丹波篠山市で活動する神戸大学や兵庫県立大学とも連携して行っており、市内の高校生を中心に、大学生や一般市民が参加し、多世代の参画・交流も進みつつある（写真4-3）。

例えば、二〇二一年の獣がい対策実践塾に参加した当時高校三年生（兵庫県立篠山東雲高校）のNさんは、自分の住んでいる丹波篠山市で獣害が深刻な問題になっていることを知らなかった。また、サルほか多くの野生動物を集落に誘引する要因となっている放置柿の存在を知ったことから、「獣害の現状をもっと多くの方に知ってもらいたい」「放置柿を有効活用したい」という想いをもとに、柿と特産の丹波茶を使った「かき茶ロール」というロールケーキのレシピを開発した。かき茶ロールは市商工会青年部主催の特産品を生かしたスイーツのレシピを競う「高校生グルメチャレンジ」を一位通過し、市内の洋菓子店で期間限定で商品化された。その年の「獣がいフォーラム」で経緯を発表した彼女は、「卒業後に姫路市の調理製菓専門学校に進学するが、修行を積んで丹波篠山市で自分の店を開き、地域の問題解決に貢献で

写真4-3　獣がい対策実践塾に高校生や大学生，社会人が参加して，サル用電気柵を設置（2021年）
撮影：筆者

きるパティシエになります」と語っている。その後も、活動は篠山東雲高校の後輩たちに引き継がれ、放置柿をジャムや加工品にする取り組みが継続されている。

●小学校の獣がい対策

写真4-4 アライグマやタヌキ, カラスなどから地域の特産品を守り, 収穫を喜ぶ小学生(2021年)
撮影:筆者

市内の小学校でも獣がい対策の取り組みが始まっている。丹波篠山市立大山小学校では、五・六年生がふるさと学習として、地域の特産品の「大山のスイカ」を栽培しているものの、アライグマやタヌキ、カラスの被害が年々ひどくなり、二〇二〇年度はほとんど収穫できなかった。そこで、さともんに相談があり、丹波篠山市と協力して、自動撮影カメラなどを用いて自分たちの身の回りに生息する野生動物について自ら調べ学習したうえで、小学生でも簡単に設置できる中型動物・カラス対策を実践した結果、二〇二一年度の被害はまったく発生せず、五〇個ものスイカをすべて収穫することができた(**写真4-4**)。活動は二〇二二年度以降も継続し、小学生自らが、高齢化により特産品のスイカ農家が十数人に減少している現状を踏まえ、「小学生でも簡便に守れる」獣害対策の技術を普及するとともに、特産品のスイカ栽培に関心を持ってもらえるための発信活動にも取り組もうとしている。

多様な人材の参画による可能性

最近では、さらに多様な外部人材が獣がい対策の取り組みに関心を寄せ、具体的な事業を開始させている。二〇二一年度は篠山ロータリークラブが社会奉仕事業として獣がい対策実践塾や獣がいフォーラムに参加し、丹波篠山市の獣がい対策をPRするためのパンフレットや動画の作成を行った。二〇二二年度になると、市内に店舗を構える企業（ネッツトヨタ神戸株式会社）が地域貢献活動としての獣がい対策に関心を示し、さともんと連携してさまざまな活動に参加。その体験を通じて翌年度の具体的な事業案を検討している。

都市部人材でも、川阪OPFなどの活動に頻繁に参加する管理栄養士であるKさん（西宮市）は、農村の課題と都市部での子育ての課題の同時解決を目指して、野生動物から守った農産物を食材にして子どもの食や食育に関する講座を開始させている。

これらはまだ端緒についたばかりであるが、これまで獣害とは無縁だった外部人材こそが、獣害を切り口に農村が抱えているさまざまな「課題」をポジティブな「価値」に転換するプレイヤーとなり、異なる専門性、ネットワークを持った多様な人材が共創して新しい価値を地域内外に創造していくことが期待される。さらに、これらの試みは、外部人材が抱える別課題（自己探求、ふるさと教育、子育て、食育、企業の社会貢献など）の解決にもコミットしうる。そうすれば、「獣がい対策」は農村の課題だけでなく、都市や異分野が抱える多くの課題を同時的に解決するソーシャル・イノベーションとなる可能性を秘めている。

5 獣がい対策のソーシャル・イノベーションは起こせるか

◆自治体の役割と獣がい対策推進計画

今後問われるのは、外部人材の参画によって生み出される「獣がい」の新しい価値を、どのように従来の「獣害」対策に接合させるかということである。さらに、創出される価値を社会全体に広げていくための支援の仕組みや計画を持ち合わせておかなければならない。そのために自治体が施策で果たすべき役割も大きい。

丹波篠山市では、二〇二〇年度末に「獣がい対策推進計画」を策定した。この計画は、問題解決の枠組み（ビジョン）を「獣害解決」から「地域再生」に組み直したもので、「獣害」をきっかけに、最終目標として活気ある集落を増やして人が集まる魅力ある丹波篠山にすることを目指している。その基本方針（ミッション）は、①獣害対策自立集落を育成する、②生きがい・やりがい・笑顔をプラスして、活気ある集落を増やす、③獣がい対策に取り組む農家の所得・意欲を向上させる、④地域の獣がい対策を支援する関係人口を創出・拡大する、⑤地域を支援し、計画を推進するための協働の体制をつくる、の五つからなる。獣害に悩む集落が獣害対策に自立的に取り組むことをきっかけに、さまざまな関係者や外部人材の支援を受けながら、地域を活性化させていく道筋を描いている。

とくに⑤については、諸課題と絡んで多様化・複雑化する獣害や農村課題の解決に向けて、行政が主導あるいは単独で取り組むことが困難な状況が生じている状況を踏まえ、地域に根づいた活動を行っているNPO等のソーシャル・セクターと協働して、各ミッションに掲げた支援活動を展開するほか、それらを広域的に展開・拡大していくための地域支援人材の育成と配置、仕組みおよび体制づくりについて検討するとしている。

本計画に基づいて、丹波篠山市とさともんは、二〇二二年三月に「獣がい対策の推進に関する包括的連携協定」を締結した。また、二〇二〇年七月からは、非常勤ではありながら二名の丹波篠山市獣がい対策推進員を配置し、さともんと連携した活動を展開している。

◆地域再生の壁

計画や体制が整備され、獣がい対策のイノベーションの道筋が見えたとしても、多声性、複雑性がある地域で集落活動として取り組む場合、その継続や拡大のエネルギーをどこからどのように得るかが大きな課題としてある。

まず、「獣害」からビジョンを組み直していく過程でそのことは起こりうる。「獣害」が地域にとって緊急性・必要性の高い深刻な課題であれば、決して一枚岩とまではいかなくても、「獣害を軽減する」という目標は多くの住民に賛同されやすい。だからこそ「きっかけ」としては適している一方で、「地域再生」というテーマは、多様な価値が存在する集落をまとめて動かすほどの緊急性・必要性がない場合も多い。また、人手不足による課題が山積している状況で、非現実的な遠い目標であると受け取られがちである。そのため、継続して取り組みに参加するのは一部の熱意と理解のある住民のみで、他の大多数は次第に活動離れが起こってしまうという問題に直面する。日々高齢化が進み、体力や労働力が低下していく状況のなか、共感はできるが実践として行う余裕がないという状況もあるだろう。

このとき、集落内に存在するパワーバランスにも気をつけなくてはならない。イタリアの経済学者ヴィルフレド・パレートが唱えた「パレートの法則（2：8の法則）」から派生したとされる「2：6：2の法則」は、組織や集団のマネジメントにおける経験則として知られているが、地域づくりにも応用して解釈されることがある。つまり、地域のために今までなかった新しい活動を開始するときに、二割が積極的、六割が中立、二割が消極的な（もしくは反対の）態度を示すというものである。理解があってコミュニケーションをとりやすい積極的な層と調整して物事を決めていくことは、運営上やりやすい方法ではある。しかし、これを継続していると、緊急性・必要性が高い目標から他の目標にずらしていく過程で、次第に残りの八割が活動から離れていく結果となる。それどころか、何らかの要因により反対派が生じ、中立的な六割を取り込み、こうした活動が中止に追い込まれることもある。これらは、初期のさともんの活動の中で実際に経験した教訓であり、地域支援を行う人材が陥りやすい罠ともいえるだろう。

もちろん、このような地域住民の反応（積極層の割合や住民の関係性など）は、集落によって異なると考えられる。普段からまとまりがよく、リーダーシップがある役員を支えるサポート体制が存するなど、積極的な層が多い集落はもちろんのこと結果を出しやすいかもしれない。一方、そうした集落はすでに「地域活性化」の優良事例として、先進的な活動を展開しているケースが多い。優良事例に隠れた多くの集落はそうした環境に恵まれていない条件があることも無視できない。

◉地域に這いつくばったイノベーション

だからこそ、「イノベーション」による価値の転換(新しい価値の共創)が必要とされる。わかりやすくたとえれば、一袋(三〇キログラム)七〇〇〇円で出荷していたお米を一万五〇〇〇円や三万円で販売できるといった提案を行い、地域を前向きにさせる明確なインセンティブ(誘因、動機づけ)を付与することだ。こうした価値づけや販売促進は、集落だけでは難しいかもしれないが、川阪集落の事例で述べたとおり、豊かな地域を継承することに共感する多様な外部人材と共創することで、実現可能性を高めることができる。このような実績を踏まえ、丹波篠山市獣がい対策推進計画では、獣害から守った農作物、または獣がい対策の推進につながる農作物に付加価値をつけて販売支援をする体制づくりを目指しており、「獣がい対策応援消費」プロジェクトを推進しようとしている。

一方で、共創によって生み出すべき「新しい価値」は、人によってさまざまであることに注意しなければならない。経済的な価値ではなく、人との「つながり」や「やりがい」の創出が求められる場合も多く、その内容は人それぞれである。また、状況によってそれらは変化していく。ここで求められるのは、地域の多元的価値や多声性、複雑性にどこまでも寄り添いながら試行錯誤していく力である。「獣害」から「地域再生」へビジョンを組み直していく過程で、コミュニケーションをとりやすい積極層だけでなく、中立層や消極層にも分け隔てなくコンタクトをとり、それぞれの声を丹念に拾い上げることを疎かにしないということだ。このようなプロセスを経て、次世代に守り伝えたい地域の姿や想いを可視化し、再設定された目標は、幅広く住民の愛着や共感を得て支持されることだろう。手法として、聞き書きなどの手段をとることも有効かもしれない。

問題は誰がそれをやるか／できるかだ。ここで書いたことを踏まえたとしても、地域との付き合いは思うようにはいかないことが多い。一度決まったことがたびたびひっくり返るし、「地域のため」と思って取り組んでいる活動に対して、どこで不平不満が蓄積しているかもわからない。それらが顕在化し対立の火種になることもある。打ちひしがれることもしばしばだ。それでも、こうしたことを織り込み済みで、地域のことを想って這いつくばることのできる人材が必要だと考える。状況は刻一刻と変化する。地域に流れる風を読みながら、風向きが悪いときは耐え、追い風を感じたらそれに乗じる。時には撤退する決断力も持ち合わせていなければならない。

地域に寄り添いながら支援活動を展開し、外部人材と効果的なマッチングができる人の存在なしで、獣がい対策のソーシャル・イノベーションは成り立たない。そのため、こうした地域支援人材が活躍できる職場環境とサポート体制が必要である。自治体とともにその役割を期待されるのがＮＰＯ法人等のソーシャル・セクターであるが、持続的そして発展的に活動を展開していくための財政基盤を確立させる必要があるのはいうまでもない。

多様な外部人材とともに新しい価値を共創する華やかさの一方、地域に寄り添い、失敗を織り込んで試行錯誤し続ける泥臭さ。両者を兼ね備えた地域支援人材が育ち、活躍し続けるソーシャル・ビジネスを地域に創出できるか。地域に這いつくばって奔走するその先に、獣がい対策のソーシャル・イノベーションが花開く未来が待っている。

第5章

多層的なガバナンスから流域環境問題の解決を考える

琵琶湖流域における協働の試みから

脇田健一

1　「複雑な環境問題」の典型としての流域環境問題

流域の持つ基本構造

誰しもが、流域という言葉を一度は聞いたことがあるだろう。では、この言葉から何を連想するのだろうか。おそらく、多くの人びとが思い浮かべるのは河川ではないかと思う。しかし、流域は河川そのものではない。厳密にいえば、流域とは「雨水が水系に集まる範囲、すなわち雨水が重力に従って地表を移動し水系に集まる」〔岸 2002: 70〕空間のことである。流域全体の空間の内部には、本流と支流から構成される水系を軸に、森林、農地、住宅地、市街地といった、多様な土地利用と結びついた小さな空間が連鎖・集積しており、それらは入れ子状の構造になっている。

樹木の葉に見られる葉脈にたとえると理解しやすい。このような入れ子状の構造を持つため、流域の水系は、本流と支流の河川だけでなく、そこには農業用の用排水路や集落を流れる小さな水路さえもが含まれることになる。また、少しわかりにくいかもしれないが、入れ子状になった水系は、異なる空間スケールに存在している。それらの間には階層的な関係が存在している。

入れ子状と階層性という基本構造を持つ流域には、当然のことながら多数のステークホルダー(利害関係者)が関わっている。ただ、個々のステークホルダーは通常、それぞれの置かれた社会的条件に規定されているため、特定の空間スケールに強い関心を持つことになる。例えば、行政の河川担当部局であれば、河川に関わる法令や規則を背景に治水・利水の観点から流域全体に強い関心を持つことになるかもしれない。そのような大きな空間スケールからの関心のもとにある流域とは、比喩的にいえば「鳥の目」から把握された流域である。それに対して地域住民が関心を持つような流域、例えば農村集落内の水路に関わる問題等については河川担当部局の視野の中には入ってこない。そのような地域住民にとって関心のある流域とは、小さな空間スケールにある流域、すなわち「虫の目」から把握された流域ということになる。

以上のように、流域には、それぞれのステークホルダーが関心を持つ異なる空間スケールに応じた多元的な環境認識が存在している。社会学で用いられている、より一般的な用語を用いるのならば、流域の内部には多元的で多様性に富む意味世界が存在しており、流域環境問題における困難さとは、このような意味世界の間で、乖離やズレが発生することに起因していると考えられるのである。

流域の持つこのような基本的な構造に気がついたのは、今から四半世紀ほど前のことになる。当時の私は、琵琶湖の環境をテーマにした滋賀県立琵琶湖博物館に勤務していた。そのようなこともあって、日本学術振興会の「アジア地域の環境保全」（未来開拓研究推進事業）のもとで企画された文理融合型プロジェクトへの参加を要請された。流域が入れ子状の構造を持ち階層化されているという考え方は、このプロジェクトに参加するなかで気づいたことなのだが、この気づきは、その後、総合地球環境学研究所（大学共同利用機関法人人間文化研究機構）の新たなプロジェクト「琵琶湖―淀川水系における流域管理モデルの構築」の枠組みとして引き継がれることになった。この新たなプロジェクトの目的は、琵琶湖へ流入する農業濁水に注目しながら流域環境問題を解決していくための新しい流域管理の考え方を提示することにあった［和田監修・谷内ほか編 2009］。以下では、流域環境問題の抱える困難さと、それを乗り越えるための方策、そして乗り越えようとしながらも陥ってしまった、見えにくい「支配―従属」問題について、そのエッセンスに限って説明していくことにしよう。

◆流域の構造と多元的で多様性に富む意味世界

流域環境問題における困難さとは、前述のように、多元的で多様性に富む意味世界の間で乖離やズレが発生することに起因している。その意味で、流域環境問題とは「複雑な環境問題」の典型ともいえる。ただし、ここで急いで付け加えれば、だからといって、意味世界の多元性や多様性を否定したり解消したりする必要があると主張しているわけではない。むしろその逆なのである。

ここではガバナンスという概念が重要になってくる。

松下和夫と大野智彦は、環境ガバナンスを「上(政府)からの統治と下(市民社会)からの自治を統合し、持続可能な社会の構築に向け、関係する主体がその多様性と多元性を生かしながら積極的に関与し、問題解決を図っていくプロセス」[松下・大野 2007: 4]と定義している。私たちの農業濁水に注目したプロジェクトでは、以上の環境ガバナンスの定義を参照しながら、次のような研究戦略をもとに流域環境問題の解決を目指そうとした。

一筆の水田から発生する農業濁水は、異なる空間スケールの流域を経由して最終的には琵琶湖に至るわけだが、流域環境問題の一つとして農業濁水問題を解決していくためには、まず異なる空間スケールごとの順応的管理を、適切に支援していくための流域診断法を開発する必要があった。加えて、個々の流域診断法を、空間スケールを超えてつないでいくことも必要であった。そのため、指標、モデル、GIS(地理情報システム)、聞き取り調査、ワークショップ、アンケート等を連関させながら、階層性を組み込んだ形の流域診断法の開発を目指した。言い換えれば、「流域診断間のコミュニケーション」の促進を目指したのである。

ただし、新たな流域診断法を提案するだけでは、流域環境問題は解決しない。階層性を組み込んだ流域診断法の開発と同時に、異なる空間スケールに位置しているステークホルダー間の「コミュニケーションの豊富化」を図ることが必要になってくるからである。

このステークホルダー間の「コミュニケーションの豊富化」とは、「公論形成の場の豊富化」に関する船橋晴俊の議論[船橋 1998]を参考にしたものである。船橋は、環境問題を発生させる経済システムに対して、環境制御システムが交錯し深化していくためには、「公論形成の場の豊富化」が必要だと主張している。このことを踏まえつつ、公論形成に至るコミュニケーションのプロセスによりきめ細かく注目するため、あえてステークホルダー間の「コミュニケーションの豊富化」という概念を用いた。また、このプロセスが、前述の「流域診断間のコミュニケーション」の促進と車の両輪の関係にあることを示すねらいもあった。

さて、ここまでのところを整理してみよう。流域環境問題を解決していくためには、流域の多様な空間スケールに分散するステークホルダーが、それぞれの多元的で多様性に富む意味世界を相互に承認し、生かし合いながら、同時に、個々の立ち位置から流域の諸問題に関与する必要がある。そのためには、多元的な意味世界の間でコミュニケーションの豊富化を図らねばならない。そして「コミュニケーションの豊富化」のための方策を模索しながら、意味世界の間に協働関係を少しずつ構築し、流域環境問題の解決への可能性を探っていくことが必要になってくる。それは、意味世界の多元性と多様性を担保し合った多層的なガバナンスのもとで、流域に分散するステークホルダー間のコミュニケーションが協働を創発的に生み出していくことを期待するということでもあるのだ。このあたりのことについて、もう少し詳しく説明しよう。

2 「コミュニケーションの豊富化」のための方策

◆複合問題としての農業濁水問題

私たちは、研究のフィールドを琵琶湖の東岸にある滋賀県彦根市内の農村地域に設定し、前述したように、農業濁水問題に焦点を当てて研究を開始した。そのことの背景についても少し説明しておこう。滋賀県では、一九八〇年代から、政策的に水田の圃場《ほじょう》整備事業という農地を改良する土木工事が進められた。その結果、大型農業機械による営農が可能になり、用排水の管理についても水田ごとに調整ができるようになった。農作業の負担が軽減され、兼業農家でも生産性と効率性を向上させることができるようになった。しかし同時に、代掻《しろか》きや田植えの時期に発生する農業濁水は、隣接する排水路へ直接流出し、さらに排水路を通して琵琶湖に流入することになった。従来、琵琶湖への負荷が問題視されていた一般家庭からの生活排水の流入は、下水道の敷設により技術的に制御されるようになり、結果として、農業排水の問題が相対的に浮上してきたのである。

意図せざる結果ではあるものの、国の農業政策を背景に、水田は圃場整備事業を通して琵琶湖に負荷を与えてしまう「環境高負荷随伴的」な構造［舩橋 1998］につくりかえられたのである。比喩的な言い方になるが、農業濁水問題の「上流」には、「環境高負荷随伴的」な状況が政策的に生み出されてしまい、そのような状況のなかに農家は巻き込まれることになったのである。

次に農業濁水問題の「下流」をみてみよう。農村集落が存在する小さな空間スケールでは、農業濁水が琵琶湖に流入する以前に地域の水環境を悪化させることから、問題の原因者と被害者が同じであるか一部で重なり合うことになる。よって、その場合は、「自己回帰型」ないしは「格差自損型」と類型化できる［舩橋 1998］。ところが、個々の集落を含む、地域社会というメソレベルの空間スケールにおいて農業濁水問題をみるならば、濁水の琵琶湖への流入は漁業への被害を生み出す可能性があった。その場合、原因者(農家)と被害者(漁家)は分離することになる。よって、「加害/被害型」(公害型)に類型化されることになる。また、マクロな空間スケールからこの農業濁水問題をみるならば、地域社会からの農業濁水の流入は、琵琶湖の水質や生態系の悪化をもたらし、琵琶湖全体の生態系を劇的に変化させる可能性も危惧されていた。この場合、農業濁水問題は、あえていえば「地球環境問題型」と類型化することが可能なのかもしれない。ここで重要なことは、空間スケールを超えるに従い、農業濁水問題はその類型を変化させていくということである。以上から、農業濁水問題は、連続するが異なる類型となって現れる複合問題として把握することができる。

❁「コミュニケーションの豊富化」の促進

ただ、このように農業濁水問題が生み出される構造を抽出し、批判的に分析したとしても、それだけでは流域環境問題が解決するわけではない。もし、解決に向けて一歩踏み出していくのならば、繰り返しになるが、その次には、多元的で多様性に富んだ意味世界の間で「コミュニケーションの豊富化」を図っていかねばならない。

そのため、まず調査地の空間構造がどのようなものなのかを調査により明らかにした。プロジェクトの研究員が、農村集落ごとに聞き取り調査を行い、水利用と排水の状況や管理の実態を地図上に落としていく作業を行った。次に、集落レベルで参加型のワークショップを開催した。

「どこの水辺の何を保全するのか」という保全対象や目標像の共有が重要になってくると考えられることから、農家も含めた地域住民が愛着を持つ水辺環境の可視化を行うための手法を開発し、農家や地域住民の協力を得て「水辺のみらいワークショップ」を実施した〔田中 2009〕。

また、研究プロジェクトに参加した社会心理学者によるリードのもとで、農家を対象にした対話形式のワークショップとその後の営農に関するアンケート調査とを組み合わせた、一種のアクションリサーチにも取り組んだ。

社会心理学の知見によれば、個々人が環境配慮行動を内発的・自立的に実行していくためには、「環境にやさしくなければならない」という「目的意図」と、具体的な「環境配慮行動を実行したい」という「行動意図」の双方を高めていくことが重要であることがわかっている〔広瀬 1995〕。この研究プロジェクトの文脈に沿っていえば、「琵琶湖にやさしくなければならない」が「目的意図」であり、「農業濁水を出さないように丁寧に水管理を行いたい」（農業濁水削減）が「行動意図」になる。前記の対話形式のワークショップでは、この「目的意図」を促進していくために、研究プロジェクトの自然科学分野の成果も含めて、農業濁水が生物や琵琶湖にどのような影響をもたらすのかという情報提供を行った。これを「リスク認知の変容アプローチ」と呼んだ。また、「行動意図」を促進していくために、地域の歴史や思い出、地域の水辺環境と農村集落との関係、地域の小河川や水路に生息する生物など、集落への帰属意識や地域環境への愛着を喚起する情報提供も行った。これを「情動的アプローチ」と呼んだ。ワークショップは、複数の集落で行われたが、集落間で比較を行った結果、どちらか片方のアプローチではなく、二つのアプローチを組み合わせた「複合的アプローチ」が農業濁水削減のためには有効であることが、そして両者のうち後者の「情動的アプローチ」がとくに有効であることもわかってきた［加藤 2009］。この「情動的アプローチ」が、小さな空間スケールの意味世界に親和的であることは、すぐに理解できるだろう。

研究プロジェクトにおいて、自然科学分野の研究者たちは、安定同位体と呼ばれる物質や微量元素などを用いた先端的環境診断手法を取り入れて調査を行った。その結果、琵琶湖の水質形成に、湖東地域の中小河川からの農業活動の潜在的インパクト、すなわち農業濁水による影響が大きいことがわかってきた。また、地域住民によるきめ細かい水管理や水路掃除などが、琵琶湖の環境保全において有効かつ必要であることもわかってきた。先端的な流域診断法を取り入れることで、水田から流出した農業濁水が琵琶湖にどのような影響を与えるのかを、空間スケールを超えて科学的にトレースできるようになったのである。これは大変優れた研究成果といえる。

しかし、このような先端的な流域診断法による研究成果をもとに、農家に対して、農業濁水の削減や抑制を啓発していくのであれば、どれだけ素晴らしい研究成果ではあっても実質的な効果は生まれてこない。水質を形成する物質について空間スケールを超えて客観的・科学的にトレースできたにしても、そのような自然科学的手法だけでは多元的で多様性に富む意味世界をとらえることはできないからだ。前述の社会心理学的アクションリサーチの結果が示すように、琵琶湖の環境政策を推進する立場から、「琵琶湖のために濁水を削減してください」と言われても、その要請は農家や地域住民には届かない。それだけでなく、「農業や農村の現実を知らない人たちの勝手な言い分ではないか」と反発することになるだろう。大きな空間スケールにある意味世界を背景とした環境政策的な要請は、そのままでは小さな空間スケールの意味世界にまでは届かないのである。しかし、「自分たちの集落の環境をよくしていこう」、「昔のように生き物の賑わいが集落の水路に戻ってきたら」というようなワークショップでの議論からスタートして、村づくりの取り組みが結果として琵琶湖の環境にも寄与することになるという理路であれば話は違ってくる。

小さな空間スケールにある意味世界を大切にしつつ、大きな空間スケールの意味世界との間になんとか回路を確保するのであれば、「コミュニケーションの豊富化」を促進させていくことも一定程度可能となり、「鳥の目」と「虫の目」との間にも対話が成立する。そして、「異質な他者」との対話の中から協働が生まれる可能性も高まっていくことになる。当時の私は、そのように考えたのである。

3 見えにくい「支配—従属」問題

「鳥の目」からは、普遍性を持つ客観的な指標により流域全体、大きな空間スケールの流域を広く把握することができる。そのような大きな空間スケールの流域は、「鳥の目」の意味世界に位置づけられた流域である。それに対して「虫の眼」がとらえる小さな空間スケールの流域は、「鳥の目」のように流域全体ではなく、ステークホルダーが関わる限りでの部分的なものでしかない。しかしながら、「虫の目」から把握される意味世界には、それぞれの個別性や深さが伴っている。

そのような「虫の目」の意味世界と「鳥の目」の意味世界とは、そのままでは共振し合うことはない。「鳥の目」の意味世界の中では、「虫の目」の意味世界は周辺的な問題として処理されるか、価値のないものとして放置されたままになってしまう。そのため、農業濁水問題でいえば、「正しい科学的知識を、農地を管理する農家に正しく伝えることで、そのような状況を改善していくべきだ」というような、「鳥の目」からの一方的かつ啓蒙啓発的な政策提言が、しばしば行われてしまうことになる。そして、そのような政策提言を行ったとき、「鳥の目」に「虫の目」を従属させてしまうような、「支配—従属」問題を発生させてしまうことになる。そのため、私たちの研究プロジェクトでは、「鳥の目」と「虫の目」との間に回路をつくり、多様な空間スケールに分散したステークホルダーの間で「コミュニケーションの豊富化」を目指したのである。

しかし、このプロジェクトが終了したのち、時間をおいてもう一度この研究プロジェクトを振り返ってみると、いくつかの残された課題に気がつくことになった。一つは、最初から農業濁水問題という課題に焦点化した形で研究プロジェクトを進めてきたことである。簡単に言ってしまえば、外からの研究者である私たちが農業濁水問題を持ち込んでいるのである。そのため、一見、「鳥の目」に「虫の目」が従属させられることを回避し、「虫の目」の多元的で多様性に富んだ意味世界を重視しているようでありながら、実はさまざまな方策(ワークショップやアクションリサーチ等)を通して「鳥の目」に「虫の目」をソフトに統合しようとしているのではないかとの批判があってもおかしくない。もっともなことである。農業濁水問題に焦点を当てたのは、端的にいってしまえば自分たちの研究プロジェクトの都合なのである。もう一つは、「コミュニケーションの豊富化」のための方策を提案するにしても、それはどこか外在的である。あくまで提案であって、農業濁水問題の磁場の外からの提案にすぎない。ここには、外から農業濁水問題を持ち込み、外から解決の方策を押しつけているような側面は存在していないだろうか。「支配―従属」問題を回避しているはずなのに、どこかまだ残滓《ざんし》のようなものが存在しているのではないだろうか。ここで、もう少しこの「支配―従属」問題を掘り下げて検討してみることにしよう。

一般論だが、環境問題を解決するための政策手法としては、技術開発により環境への負荷を削減していく「技術的解決手法」、法や条例によって規制する「規制的手法」、そして経済的なインセンティブによる環境配慮行動への誘導や、外部不経済の内部化を目指す「経済的手法」、以上の三つが重視されてきた。このような従来の政策手法において、その担い手とは誰になるのだろうか。それは、行政や専門家である。一般の人びとは、そのような行政や専門家が生み出した、技術、規制、誘導の対象になる。もちろん、このような手法そのものを否定しているわけではないが、流域環境問題のように、意味世界の多元性と多様性を担保し合った多層的なガバナンスのもとで、流域に分散するステークホルダー間のコミュニケーションが協働を創発的に生み出していくことに期待するのであれば、ここには検討すべき重い問題が存在している。

一つは、何が問題なのかという「問題設定」、それは問題の切り取り方（フレーミング）といってもよいが、その「問題設定」を行政や専門家が一方的に決定しているということである。もう一つは、どのように解決するべきなのかという「解決手法」に関しても、行政や専門家が設定した「問題設定」を前提に、あらかじめ決定されている場合が多いということである。人びとは、決定された

「解決手法」の技術、規制、誘導の対象でしかない。「鳥の目」から決定された「課題設定」と「解決手法」が、啓蒙啓発の名のもとに人びとに押しつけられているからだ。環境問題の解決のために良かれと思って行った啓蒙啓発が、結果として、人びとの多元的な意味世界を抑圧してしまい、「支配―従属」の関係が発生する危険性を孕むことになるのである。

私は、農業濁水の問題を通して流域環境問題に取り組む際、このような従来の政策手法、あえていえばテクノクラート的な政策手法が、結果として抱え込む問題を批判的にとらえていた。だからこそ、「支配―従属」問題を回避するための方策を検討してきたのである。それにもかかわらず、すでに述べたように、どこかまだ残滓のようなものが存在していることに気がついたのである。おそらく、これは私の個人的な経験だけに収まる問題ではないはずだ。もちろん、特定の意味世界に準拠しながら、環境問題が発生している状況を外在的かつ批判的に分析するだけならば、とくに問題は感じないだろう。そのような環境社会学的研究は、これまでもたくさん存在してきた。しかし、多元的で多様性に富んだ意味世界の存在を前提に、問題解決に向けて環境問題の現場に足を踏み入れようとした途端に、私たちは、見えにくい「支配―従属」問題に向き合わねばならなくなる。私の場合、総合地球環境学研究所で立ち上がったもう一つの文理融合型研究プロジェクトに参加したときに、この見えにくい「支配―従属」問題に取り組むことになったのである。

4　農村集落の地域活動との協働

◆プロジェクトを進捗させるうえでの原則

二つ目の総合地球環境学研究所で立ち上がった文理融合型研究プロジェクトには、プロジェクト開始時ではなく、一年ほど時間が経過してから参加することになった。研究プロジェクトは、すでに「生物多様性が駆動する栄養循環と流域圏社会——生態システムの健全性」というタイトルのもとで、フィールドである野洲川《やすがわ》での水質調査が進んでいた。

当初、生態学者が中心となって企画したこのプロジェクトには、私の立場からすると「支配—従属」問題が発生していた。後述するように、このプロジェクトに対して、プロジェクト外部から「これは『欠如モデル』ではないのか」との批判があったという。欠如モデルとは、科学技術社会論の分野で一九九〇年代によくいわれた考え方で、一般の人びとの科学技術に対する不信感は、科学技術に対する理解が欠如しているからであり、理解が増せば、科学技術に対する信頼が高まるはずだというものである［原 2015: 202–203］。

「欠如モデル」と批判された新たな研究プロジェクトに対して、私は、以下のような原則を提案した。①研究プロジェクトとして地域との協働を進める。②その際、「鳥の目」からとらえられた課題を一方的に農村集落に持ち込まない。③「虫の目」からとらえられた地域課題に焦点を当て、農村集落と協働しながら地域課題の解決や緩和に資する（地域の人びともそのように実感できる）環境調査に取り組む。④その際、「鳥の目」と「虫の目」との間に「支配―従属」関係が生まれないように注意しながら、「虫の目」からの取り組みが、結果として「鳥の目」の課題解決とどのように結びついているのかを確認する。このような原則の中で取り組まれる協働では、研究者と集落の地域住民が相互の気づきや発見に向き合うことになる。そのような双方の辛抱強さ(ネガティブ・ケイパビリティ)[箒木 2017: 8–9]の中では、自分自身を組み替えていくような反省的な姿勢が、協働のなかから創発的に生まれてくると考えたのである。

では、このような「支配―従属」問題に敏感になりながら、プロジェクトを組み替えていくことに、プロジェクトの他のメンバーがすぐに理解をしてくれたかというと、必ずしもそうではなかった。例えば、プロジェクトがスタートしてしばらくした時期の議論の中で、「私たちのプロジェクトは、国でいえば会計検査院のようなものでないのか。生物多様性が駆動する栄養循環のあり方をきちんと調査して、流域圏の社会の中で適切に栄養循環が成立しているかどうかをチェックすることが大切なのではないのか」という意見が出てきた。そもそも、このような考え方自体が「欠如モデル」だと批判されたのである。最先端の測定技術で明らかになった科学知が指し示す方向に向かって、流域のステークホルダーが協働を進めていくというのであれば、それは多元的で多様性に富んだ意味世界に配慮するガバナンスのあり方とは、まったく別物になってしまう。しかし、それまでの文理融合型の研究プロジェクトの経験から、このようなハレーションが起こってしまうことは、一定程度仕方のないことだとも思っていた。ひょっとすると、気がついていないだけで、私自身がそのようなハレーションを起こしていたのかもしれない。

❁農村集落での協働

話を元に戻そう。新たな研究プロジェクトでは、村づくりの活動に熱心に取り組んでいる中山間地域の農村集落に相談を持ちかけた。この集落は、琵琶湖に流入する野洲川の支流に位置するのだが、集落では水田の「生き物の賑わい」を生み出す「地域活動」に熱心に取り組んでいた。もちろん、その背景には環境保全型農業に対する補助金制度があるわけだが、「地域活動」に関わる地域住民の皆さんは、「生き物の賑わい」が集落の水田内に生まれてきていること自体を楽しんでおられた。また、集落では、集落の特産品である餅米の六次産業化にも取り組んでいた。農村レストランや餅工場をコミュニティ・ビジネスとして経営されていた。「生き物の賑わい」に配慮した水田で生産されたうるち米や餅は、安心・安全ということで、集落を訪れる消費者には大変好評であった。

写真5–1　農家と行った水田の生き物調査
撮影：筆者

なぜこのように「地域活動」に熱心に取り組むのかといえば、「自分たちの集落や農地をどのように守っていくのか」、「将来世代にまでわたって、どうやってこの集落で暮らし続けていくのか」といった漠然とした不安を抱いていたからだ。「生き物の賑わい」を生み出す「地域活動」は、集落の持続可能性を高めていくことにつながっているのである。また、そのような「地域活動」が集落内の人のつながりを強化することもあり、活動自体に楽しみややりがいが伴っていることもよく理解できた。すなわち、「地域活動」は、集落の持続可能性を高め、人のつながりを強化するという意味で、集落の集合的な「しあわせ」を醸成していくことにつながっていたのだ。

私たちの研究プロジェクトでは、プロジェクトの研究員が中心となって、「生き物の賑わい」を生み出すこの「地域活動」のお手伝いを始めた。フィールドでは、研究員と地域の農家の皆さんとの対話が生まれた。例えば、研究員たちは「地域活動」に参加しながら、地域の農業がどのように営まれているのか、それは現在に至るまでどのように変化してきたのかということを農家から学ぶことになった。すなわち、「虫の目」の意味世界を少しずつ理解していくことになったのである。その一方で、農家の皆さんは、研究員がどのような科学的な研究を行っているのかに関心や好奇心を持つようにもなった。「生き物の賑わい」と、生態学でいう「生物多様性」とは必ずしも同一のものではないが、「生物多様性」が高まると、流域に生息するさまざまな生物がリンを栄養塩として摂取することで、生態系内部の「栄養循環」が促進され、流域の栄養バランスが改善していくということ、そして流域内での「栄養循環」も「生物多様性」によって変化するということを知ることになった。そのような関心もあってか、農家の皆さんは、水田のプランクトンを観察するために、とうとう顕微鏡を自分たちでも購入した。

このような状況を見ながら、私は流域環境問題解決へのステップとして、「四つの歯車」仮説という提案を行った。ここでいう四つの歯車とは、「地域活動」「しあわせ」「生物多様性」「栄養循環」のことである。「地域活動」の歯車が回ると、農村集落内部の「しあわせ」の歯車が噛み合って回り始める。このことは、右で述べたことからも理解できるだろう。その一方で、「地域活動」の歯車は「生物多様性」の歯車とも噛み合っている。「地域活動」の歯車が回ることで「生物多様性」の歯車が回れば、結果として流域の「栄養循環」の歯車も回っていく。そのような仮説である。ただし、仮説とは言ってはいるものの、専門分野や研究関心の異なる研究プロジェクトのメンバー、そして農村集落の農家も含めて、「異質な他者」がともに相乗りできるプラットフォームと呼べるものでもある。このようなプラットフォームを用意し、研究プロジェクトの目標をどのディシプリン（専門領域）の研究者にも理解できるように共有することで、前述した、見えにくい「支配―従属」問題に距離をとりつつ、「鳥の目」と「虫の目」の対話を進める土台を生み出し、協働を進めていくことができるのである。

ただし、流域の「栄養循環」や「生物多様性」の歯車を回すために「地域活動」に取り組むのであれば、再び「支配―従属」問題が発生することになり、「しあわせ」の歯車は止まってしまう。そうではなく、地域の「しあわせ」のために「生物多様性」に関わる「地域活動」に取り組むことが、結果として「栄養循環」も良好にしていくという理路で、この「四つの歯車」仮説を理解しなければならない。そのような理解のうえで、「地域活動」に対してどのような行政等からの制度的支援が必要なのか、「地域活動」の効果を「見える化」していく参加型調査とはどのようなものなのかを考えることもできる。また、「地域活動」を活発にしていくための地域内のつながり(結束型社会関係資本)や地域外とのつながり(架橋型社会関係資本)は、どうあるべきなのかも検討することができる[脇田ほか編 2020: 71–75]。

❁意味世界に位置づけられる「環境ものさし」

このような「四つの歯車」仮説をもとに、「生き物の賑わい」に関して、さらにもう一つの提案を行った。それが「環境ものさし」である。「環境ものさし」とは、「生き物の賑わい」に取り組む「地域活動」の効果を、当事者である農家自身が「見える化」していくための調査のことである。調査の結果が、農家自身をエンパワーメントし、「地域活動」の推進力になっていくと考えられたからだ。「環境ものさし」は、農家との対話の中で生み出されるものである。外部から持ち込んだ指標生物をもとに専門家が指導して行う調査ではないのである。この「環境ものさし」というネーミングや原理的アイデアは私によるものだが、私自身には、地域の生物を調査する能力はない。そのため、当時、研究プロジェクトの研究員だった淺野悟史さんが、私の提案をきちんと受け止め、生物多様性保全の新しいツールとして精緻に開発していってくれた。そして、「環境ものさし」が誕生するまでの経緯を、『地域の〈環境ものさし〉——生物多様性保全の新しいツール』としてまとめてくれた[淺野 2022]。

淺野さんは、この本の中で、「環境ものさし」に求められる要件として、「地域の生業や文化を特徴づけるもので、地域住民に広く認識され、その増減などの変化によって地域の保全活動の成果を地域住民が認識・解釈しうる環境の要素」と整理している［淺野 2022: 75］。実際、淺野さんは、地域の農家の皆さんから丁寧に話を伺いながら、適切な「環境ものさし」の指標になりうる候補を探していった。その結果、例えばニホンアカガエルの卵塊《らんかい》を農家の皆さんと一緒に数えて地図に落としてみるという作業を行った。「環境ものさし」は外から持ち込まれた一般化された生物指標とは異なり、本章に即していえば、小さい空間スケールの意味世界の中から、地域の農家との協働のなかで掘り起こされたものなのである。この点が非常に大切だと思う。

この「環境ものさし」という方法は、一定の汎用性を持っていると思われるが、このような方法を有効に機能させる条件がこの農村には存在していたことにも十分に注意する必要があるだろう。補助金制度が存在しているからとはいえ、環境保全型農業に主体的に取り組みながら、自分たちの判断で「生き物の賑わい」を増やしていこうとしていたのである。そのような状況のなかで、研究者と農家との水平方向の対話が成立し、「環境ものさし」が誕生したのである。方法や技法に振り回されないようにしなくてはいけない。方法や技法が有効に機能する社会的文脈や条件についても敏感であるべきなのだ。

5 「支配―従属」問題に陥らないために

長い期間、ディシプリンの異なる研究者たちが集まる文理融合型の研究プロジェクトに参加してきた。そのような「異質な他者」と協働する過程において、私は、実際の流域環境問題の解決に実践的に取り組むような研究を行わねばとの思いをいっそう強めていった。ただし、流域環境問題の解決とはいっても、社会学者である私一人の力ではたいしたことはできない。どうしても、社会学以外の研究者との連携が必要なのである。そして、この点が大切だと思うのだが、他のディシプリンの研究者と議論し協働することのなかで、流域環境問題の解決に、社会学の知恵を役立てることができると確信するようになったのである。社会学は、流域環境問題の解決に必要な「意味」や「コミュニケーション」の問題をストレートに考えることができる。私は、「異質な他者」とのコミュニケーションの中で、そのような社会学のニッチに気がついたのである。この章の中で強調してきた、見えにくい「支配―従属」問題についても、そのような気づきが背景に存在している。

前述したように、この「異質な他者」とは、ディシプリンの異なる研究者だけでなく、環境問題のフィールドで出会い、交流を重ね、協働していく人びとのことでもある。なぜ「支配―従属」問題が見過ごされてしまうのかといえば、それは、あらかじめ自分の頭の中に描いた青写真に、目の前の「異質な他者」を当てはめることで、無意識のうちに手段として扱ってしまっているからなのである。そのとき、「異質な他者」は、自分の研究や実践にとって都合のよい「便利な他者」に変わってしまっている。大切なことは、簡単には理解できない「異質な他者」と向き合い、我が身を開き、その理解できなさに辛抱強く耐える力(ネガティブ・ケイパビリティ)を備えることなのである。そのためには、「異質な他者」の意味世界を丁寧に理解するところから始めなければならない。ただし、理解するだけで終わらせてはいけない。相手の意味世界を通して、この人は何を心配し、どのような幸せを願っているのか、そのあたりのことが薄らぼんやり見えてくる。さらに、対話を続けていると、その対話の中から創発的に意図せずして協働の契機が浮かび上がってくる。そのような協働の契機の誕生を敏感に感じ取ることができるのか。「支配―従属」問題を研究と実践の現場から乗り越える糸口は、そのあたりに存在しているように思うのである。

第6章

統合知を生かして複雑な課題に取り組む

社会・生態系システムの本質的転換に向けて

佐藤　哲

1　複雑な課題に対処できる知識とは——トランスディシプリナリー科学

人間活動の全地球レベルでの拡大に伴って、私たちの社会は、気候変動、自然資源と生態系サービスの劣化、貧困と格差の拡大、新たな感染症や紛争など、持続可能な未来の実現を阻み、人類の生存すら脅かしかねないさまざまな課題に直面している。そして、これらの課題は私たちの身近な地域社会や生態系の中で、それぞれの文脈に応じて多様な形で顕在化し、人びとの生活の質と福利にダメージを与える。現代社会は、ローカルからグローバルに至るさまざまな空間スケールにおいて、これらの複雑かつ相互に錯綜する課題に立ち向かうという難題を私たちに突きつけている。このような複雑かつ困難な課題に対処するために、私たちは意思決定や判断のための知識基盤を必要としている。では、複雑な課題への取り組みには、どのような知識のあり方が求められるのだろうか。

人間の営みは、それを取り巻く環境と深く結びついており、私たちの社会とそれを取り巻く自然は、きわめて複雑な形で相互作用している。人間の営みと自然環境、地球環境の間のこの複雑な相互作用系を、「社会・生態系システム（social-ecological system）」と呼ぶ［Berkes et al. eds. 2003; Biggs et al. 2015］。社会生態系システムは典型的な「複雑系」である。複雑系とは、さまざまな要素が相互に深く関連し合いながら成り立っているシステム（系）であり、そのふるまいを理解し、制御することは、特定の専門分野の視点からその一部を切り出して理解しようとする従来の科学のアプローチではきわめて困難である。専門分野を深く探求する従来の科学は、人類の文明を支える多くの技術を生み出し、人間の福利の向上に大きく貢献してきた。しかし、複雑系としての社会・生態系システムの中で顕在化している多様な課題に取り組むための知識基盤を十分に提供できてきたわけではない。総合的な視野から多様な要素が相互作用する社会・生態系システムをとらえ直し、課題を理解してその解決への道筋を描き、さらには意思決定やガバナンスの仕組み、人びとのネットワークの構造や働き、行動様式や価値観、人と自然の関わり方などの劇的な変化、つまり「社会・生態系システムの本質的転換（トランスフォーメーション）」をもたらすような科学が必要とされている。

個別の専門分野における科学者の好奇心から出発する従来の科学に代わる科学のあり方として提案されてきたのが、人類が直面する困難な課題に動機づけられ、その解決のためのシステムの本質的転換の道筋を描き出すことを目指す、「社会と共にある、社会のための科学(science with and for society)」である［世界科学者会議 1999］。複雑な社会・生態系システムの多様かつ困難な課題に駆動され、課題の解決に向けた動きをつくり出すことを目指す「課題駆動型・課題解決志向」の科学による統合知の生産が必要なのである［佐藤 2016］。複雑系に対応できる統合知の生産のためには、必然的に多様な学問分野にまたがる学際科学を目指すことになる。しかし、学際科学が科学者の世界の中の営みである以上、現実の社会との接点が希薄になってしまうことは避けられない。人びとが生活の中で培っている多面的な知識・技術、さらには社会を動かすための実践的な知恵や工夫が抜け落ちてしまうのである。その結果、社会・生態系システムの複雑性が十分に反映されず、科学的には妥当だが現実には使い物にならない解決策をつくり出してしまうことがある。このような反省から生まれたのが、研究のすべてのプロセスを科学者以外の社会の多様なステークホルダーとの密な協働のもとに進める「トランスディシプリナリー科学(transdisciplinary science)」(TD科学、超学際科学ともいう)である。

TD科学における統合知の生産は、TD科学者と多様なステークホルダーの密な協働のもとに進んでいく。そもそも何を研究するかという研究課題の設定を、現実の社会・生態系システムの課題に照らして行い(研究の協働設計)、課題解決に向かうための知識を生産し(知識の協働生産)、その成果に基づいたさまざまな実践を創発させる(成果の協働実践)というプロセスを動かしていくのである［Hadorn et al. eds. 2008; Mauser et al. 2013; 佐藤 2021］。その中で、科学者とステークホルダーの相互作用を通じて、研究課題、研究プロセス、および研究成果の科学的・社会的妥当性がテストされ、改善される。多様な分野の科学知と人びとの中にある現実に即した多面的な知識が統合され、社会的課題の解決につながると同時に、科学的な革新をもたらしうる研究が展開され、システムの本質的な転換のための知識基盤がダイナミックに創成されていく[Lang et al. 2012]。

科学者以外の人びとによって日々の生活の中で生産され、活用されてきた多様な知識体系の重要性については、例えば「伝統的生態学的知識(TEK : Traditional Ecological Knowledge)」、「地域的生態学的知識(LEK : Local Ecological Knowledge)」、「土着的知識(IK : Indigenous Knowledge)」など、さまざまな概念が提唱されてきた[Berks 1993; Stevenson 1996; Johannes et al. 2000]。しかし、これらは一般に科学知の足りない部分を補うものと位置づけられ、科学知と同等かそれ以上に重要な統合知の構成要素であるという視点は希薄であった。また、ある一時点で社会の中に存在する知識という静的なとらえ方が多く、TD科学が生産する統合知のようなダイナミックに変容する知識体系のあり方を適切に表現しているとはいえなかった。

このような限界を踏まえて、TD科学によって世界各地の地域社会の課題解決に向けてダイナミックに生産されている統合知の性質を的確に表現する概念として提案されたのが「地域環境知」(図6-1)である[Sato et al. 2018a]。地域環境知は科学者を含む多様なステークホルダーの相互作用を通じて、地域の持続可能性に関わる課題への取り組みの現場でダイナミックに生産され、活用され、変容し続ける統合知である。したがって、ある時点で地域社会の中に存在する知識を表す静的な概念ではなく、TD科学によるダイナミックな知識生産プロセスを表現している。地域環境知がダイナミックに生産され、変容し、活用されて、困難な課題の解決とシステムの本質的な

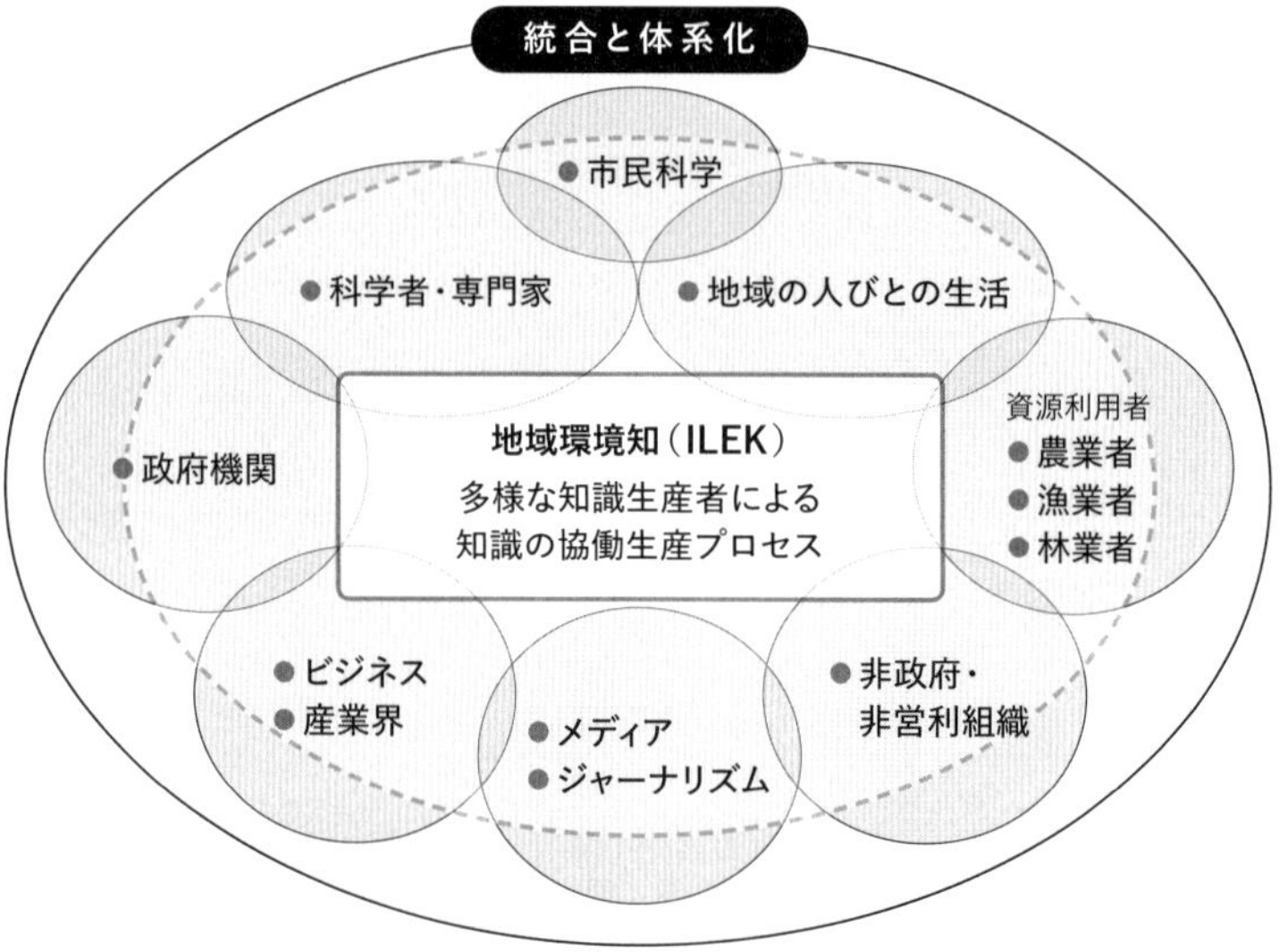

図6-1　地域環境知の概念の模式図

多様なアクターの相互作用によってダイナミックに生産され，すべてのアクターによって統合され，体系化され，相互作用を通じて変容していくものととらえられる．詳しくは本文を参照のこと．
出所：Sato et al.［2018a: 4］, Fig. 1.1 を改変．

転換の知識基盤を提供し続けることが重要なのである。

従来の科学的な知識生産は、人間社会や自然の中のさまざまなシステムの性質とふるまいを理解し、課題解決の糸口を見つけることを中心に発達してきた。このようなシステムの状態を記述する知識は、「システム知（system knowledge）」と呼ばれている。しかし、複雑系が直面する具体的な課題の解決には、最終的に目指すべき状態のビジョンや達成したい目標の内容に関する「ターゲット知（target knowledge）」、その目標に向かうための道筋や具体的な方法に関する「トランスフォーメーション知（transformation knowledge）」が必要である。これまでの科学はこれらの知識を十分に生産してきたわけではない［Hadorn et al. eds. 2008; Wiek and Lang 2016; 佐藤 2021］。一方、ＴＤ科学の知識の協働生産プロセスは、課題解決の本来の担い手である多様なステークホルダーが、日々の生活の中で培われる社会・生態系システムの現状についての知識に加えて、地域の現実を踏まえた未来のビジョン、社会の現場における具体的な手続きや手法に関する知識を地域環境知の中に取り入れることを促す。地域のステークホルダーの「現場の知」が、課題駆動型・課題解決志向のＴＤ研究を通じて地域環境知に取り込まれ、困難な課題の解決に必要な多面的な知識をダイナミックに生産し続けるのである。

2 複雑性・不確実性への対応——順応的なプロセス

複雑な社会・生態系システムが直面するさまざまな課題は、どれも一筋縄ではいかない「やっかいな問題（wicked problems）」である［Pryshlakivsky and Searcy 2013］（本書序章参照）。解決すべき問題が定まらず、解決策も無数にあるような、答えのない課題に立ち向かうことは困難を極める。やっかいな問題が発生する根本的な原因は、複雑系のふるまいが不確実で、予測が不可能なことにある。現時点で最適と思われる道筋を描いても、次の瞬間にはシステムの激変が起こり、これまでの経験を超えたまったく新しい発想で考え直す必要に迫られるような事態は、Ｃｏｖｉｄ-19パンデミックなどの例で記憶に新しい。持続可能な未来の実現に向けた取り組みには、いつもトレードオフ（あちらを立てればこちらが立たず）の関係が付きまとい、取り組みのシステム全体への影響を予測することはきわめて難しい。例えば、生物多様性の保全という国際的な流れのなかで自然保護区を制定して豊かな自然を守ろうとする取り組みは、そこに住む人びとの生活の糧を奪い、格差の拡大を促すこともある。人間の生産活動は、自然環境や地球環境に大きな負荷をかけているが、一方で里山里海の例などのように、私たちの生活を豊かにする営みが環境の多様性を創出し、生態系機能やサービスを向上させるというシナジー(相乗効果)を発生させることもある。このようなやっかいな問題に立ち向かうためには、TD科学に組み込まれた順応的なプロセスが有効である。

出発点となるのは、知識がどれほど豊かになろうとも、複雑系の全体像をとらえることは不可能という認識である。私たちは、いつも不完全な知識を基盤に問題に立ち向かっているのである。科学的な答えが出せないやっかいな問題に対応する仕組みとして発達してきたのが、水産資源などの自然資源管理の分野で開発された「順応的管理(adaptive management)」であり、それをさらに複雑な社会の仕組みや意思決定のプロセスに拡張した「順応的ガバナンス(adaptive governance)」である[Gunderson and Light 2006; 宮内編 2013]。複雑系の現状と課題を、不完全ではあるが現時点でわかっている最良の知識(システム知)を用いて把握し、そのあるべき姿(ターゲット知)とそれに至る道筋(トランスフォーメーション知)についての仮説を構築する。この部分がTD科学における研究の協働設計と知識の協働生産にあたる。そして、その仮説に基づいて実際にアクションを起こし、その結果をモニタリングして、システムについての理解を深め、取り組みの内容を改善していく(成果の協働実践)。このようなモニタリングとフィードバックを繰り返すことで、最終的な目標であるやっかいな問題の解決と持続可能な未来の実現に、少しずつ、試行錯誤を繰り返しながら近づいていく。そして、そのなかでTD科学に参加する科学者、ステークホルダーなど、すべての人がお互いに学び、思考を深化させる。この相互学習が動いていることが、順応的なプロセスが事態の改善とシステムの本質的な転換をもたらす可能性を拓くのである。

このプロセスには、当然ながら終わりはない。何かが解決したように見えても、そこからすぐに新しい課題が発生する。この順応的なプロセスを管理し、さまざまな実践の創発を促し続けることが、やっかいな問題のプロセスとしての解決なのである［宮内 2018］（本書序章参照）。

このような終わりのない順応的なプロセスを、科学者と多様なステークホルダーが密に協働して動かしていく際には、多様な科学者、ステークホルダーの信頼関係が重要である。社会・生態系システムの複雑性と不確実性の中で、簡単に結果が出ず、時には期待が裏切られるような試みを辛抱強く積み重ね、試行錯誤から学び続けていくためには、相互の信頼に支えられた協働が不可欠なのである。相互の信頼を構築するための出発点として、まずは科学者・専門家の姿勢を問うことから始めてみよう。

特定の専門分野の知識を深めてきた科学者・専門家は、しばしば科学者以外のステークホルダーが専門的知識への理解を欠いており、それが課題の解決を阻んでいると考えてしまう。知識が欠けていることが問題であり、それを埋めることが大切だとする考え方を、「欠如モデル」という［Sturgis and Allum 2004］。地域のステークホルダーの中にも、科学者を地域の事情を知らない外部者とみなす欠如モデルがみられることもある［ぺムバほか 2018］。このような相互不信を拭い去るために、まず、科学者がそれ以外のステークホルダーを指導や支援の対象とみるのではなく、TD科学の対等なパートナーとしてみる視点を提案したい。このような視点は、科学以外の多様なプロセスで生産される知識を理解し、その価値を尊重しようとする科学者の姿勢につながる。人びとの実践の中に、複雑な課題の解決につながるさまざまな糸口があり、そこから学ぶことによって科学の側にも革新が起こりうる。このようなステークホルダーに対する深い理解と信頼を備えた科学者の姿勢を、われわれは「謙虚な科学者」と呼んでいる［ペムバほか 2018］。謙虚な科学者の眼鏡をかけてみると、TD科学におけるステークホルダーとの協働は、まさに宝の山である。ステークホルダーの知識・技術と実践から新たなアイデアや発想を学び続けることが、科学者としての成長につながるだけでなく、科学者の学ぼうとする姿勢が、相互の信頼を深めていくことが実感できる。相互の信頼に基づく実践を通じた学習と改善が続くことが、終わりのない課題に立ち向かう順応的なプロセスの欠くことのできない基盤なのである。

このようにしてやっかいな問題に対するプロセスとしての解決が動いているとしても、それが持続可能な未来に向けたシステムの本質的な転換につながるという保証はない。複雑な社会・生態系システムに劇的な変化を起こすことは本当に可能なのだろうか。またまたやっかいなこの問いに答える糸口となるかもしれないのが、「レバレッジ・ポイント（leverage point）」という概念である。レバレッジ・ポイントとは、社会・生態系システムのような複雑系において、小さな変化がシステム全体の本質的な転換をもたらす部分のことである［Meadows 1999; Abson et al. 2017; Takemura et al. 2022; Tajima et al. 2022b］。梃子の力点に小さな力を加えると、作用点に大きな動きが発生するような仕組みを想像してほしい。第4節で後述するアフリカのマラウイにおける事例のように、社会・生態系システムを本質的に転換する可能性がある実践が起こっているときに、科学者とステークホルダーが協働するTD科学によって、その実践が生まれ、成果をもたらすプロセスを理解し、その中からシステムを本質的に転換させるレバレッジ・ポイントを探すことが突破口になる可能性がある。

3 異質な知識体系をつなぐ仕組み

一人の「謙虚な科学者」としてTD科学を実践しようとするとき、私たちは自分とは大きく異なる背景を持つ異分野の科学者や、科学者以外のステークホルダーとの協働の難しさに直面することになる。欠如モデルを乗り越え、相互の信頼を構築できたとしても、まったく異なる文脈で考え、実践するなかで構築されてきた知識体系の間のギャップは大きい。多様な背景を持つ人びとの協働という試み自体が、大変複雑でやっかいな問題を孕んでいるのである。

このような状況を打開するために重要な働きをするアクターとして、「レジデント型研究者（地域共在型研究者）」と「知識の双方向トランスレーター」の役割に注目したい［佐藤 2016］。レジデント型研究者は、科学者・専門家であると同時に、地域社会に長期的に定住し、コミュニティの一員としてTD科学を推進し、さまざまな実践の創発を促す研究者・知識生産者である。遠隔地に拠点を持ち、地域社会をフィールドとして研究を行う訪問型研究者と対比して考えるとわかりやすいだろう。レジデント型研究者は知識生産者であると同時に、一人のステークホルダーとして知識を活用する知識ユーザーでもある。科学者・専門家という顔とステークホルダーの顔をあわせ持つ立場にあるため、TD研究を通じて地域環境知の生産とダイナミックな変容に大きく貢献できる。また、長期的に地域に関わり続ける訪問型研究者の中にも、レジデント型研究者と同様の役割を果たしている人がいることも確かである。

レジデント型研究者は、科学者・専門家の視点から、科学知を地域の背景や文脈から再評価・再構成して地域社会への流通を促している。また、地域のステークホルダーが培っている多面的な知識・技術を科学の言語に翻訳して発信できる。このように知識を異なる文脈から再構成し、新しい意味を与えている「知識の双方向トランスレーター」の役割に注目したい。知識の双方向トランスレーターとして機能している人や組織は、異なるフレーミングや文脈から生まれる異質な知識の間のギャップを、社会・生態系システムの課題の解決に役立つ新しい意味を創出することで架橋し、多様な人びとの協働を促している［Sato et al. 2018a］。

空間スケールやガバナンスのレベルが大きく異なる場面で生産された知識の異質性は、地域環境知のような統合知の形成に大きな障害となる。経済と情報のグローバル化が進展するなかで、グローバルレベルで生産される気候変動や生物多様性の減少などに関する知識が、否応なしに「大きな物語」として世界各地の地域社会の隅々まで浸透する［宮内編 2013］。一方で地域社会の実情を踏まえたさまざまな地域の実践や、その基盤となる地域に固有の知識もまた、多様なメディアを介してグローバルに共有される。そして、これらの知識が異なる空間スケールやガバナンス・レベルにおいて本来の意図や意味とは異なるメッセージとして流通することによって、さまざまな齟齬が生まれている。このような異なるスケール・レベルにおける知識の間のギャップを架橋することも、知識の双方向トランスレーターの重要な役割の一つである[Sato et al. 2018a]。地域の現場で多様なステークホルダーと信頼に基づく協働を実践しているレジデント型、あるいは訪問型研究者は、グローバルなレベルで生産される大きな物語の地域の文脈における適切な意味を創出すると同時に、地域の人びとの実践の価値を科学の言葉で意味づけする役割を果たすことができるだろう。TD科学を推進する科学者・専門家には、知識生産に寄与することに加えて、知識の双方向トランスレーターとして機能することを自覚しての活動が求められている[松田ほか 2018]。

知識の双方向トランスレーターとしての役割を担う人材は、科学者・専門家の中にだけいるわけではない。多様なステークホルダーの中にも、それぞれの立場や文脈の中で知識の双方向トランスレーターとしての役割を果たしている人がいる。世界各地の地域リーダーや生産組合の職員、行政やNGO、企業関係者などの中に、きわめて多様な知識の双方向トランスレーターを見つけることができるだろう。このようなトランスレーターの多様性と、異なる階層にまたがる重層性が、相互の信頼の構築と知識のダイナミックな変容を促し、やっかいな課題に立ち向かう順応的なプロセスの知識基盤を提供できるのである。

4 「現場の知」の大きな可能性――マラウイの漁村から

科学者以外の多様なステークホルダーと協働して、現代社会が直面する課題の解決と持続可能な未来の実現に向けた総合的なTD科学を推進するという世界の流れのなかで、TD研究のパートナーとなるステークホルダーのリストから、すっかり抜け落ちてきた人たちがいる。後発開発途上国の社会的弱者、とくに開発途上国の農漁村に暮らす貧困層に属する人びとである。私たちの中には、途上国の貧困層は援助や支援を必要とする人びとであるという根強い先入観があり、TD科学のパートナーを探す際に、その網の目からこぼれ落ちてしまいやすい。これまでのTD科学の実践の中で、途上国の貧困層を協働のパートナーとして位置づけた研究は皆無だったといってもよいだろう。後発開発途上国の貧困層に属する社会的弱者は、経済的にも社会的にもさまざまな制約を受けており、それを打破して持続可能な未来に向けた知的探求や実践を行っていくことはたしかに簡単ではないだろう。しかし、貧しいという理由だけで、彼らの経験から生まれる「現場の知」にはたいした価値はなくTD科学のパートナーにはならない、と考えてしまうわけにはいかない。

このような事態を打開する試みの一例として、私たちが取り組んだTD研究プロジェクトの事例を紹介しよう。それは、二〇一七年から三年間、アジア太平洋とアフリカの七か国九地域で、貧困層に属する農漁村のステークホルダーを対等なパートナーとしたTD科学の実践を試み、人びとが強く依存する多様な自然資源の持続可能な管理を通じた人びとの福利の向上を目指したTD研究プロジェクトである。そして、その中心となったのが、後発開発途上国である南部アフリカのマラウイ共和国であった。私自身が訪問型研究者としてマラウイの漁村に過去二〇年以上にわたって深く関わり、TD研究のための協働の基盤ができていたからである。

しかし、実際には貧困層をパートナーとしたTD科学は簡単ではなかった。開発途上国の農漁村を訪問する科学者・専門家や行政の担当者は、権力性を持って、村人にとってありがたくない規則や制限をもたらすことがよくある。このような強権的な圧力を受けた経験は、村人の間に根深い不信を発生させる。度重なる科学者・専門家による指示や規制は、指示されることへの慣れ、支援を待つ受け身の姿勢を醸成することもある。TD科学のプロセスから新しい有望な選択肢が生まれたとしても、村人には新しい選択肢を、リスクを負って試行することにさまざまな制約がある。生活の必要や経済的な制約はもちろんのこと、村の意思決定への関与の制限、慣習やローカルルールによる制約など、多くの困難が待ち構えている。途上国の複雑な社会・生態系システムの中で、試行錯誤による順応的なプロセスを動かすことは容易ではない。

これらの障害を乗り越えて、科学者と社会的弱者の信頼に基づく協働を実現するために、ステークホルダーとの真摯な対話と熟議（一緒に深く考えること）を繰り返すことが有効ではないだろうか。「生活圏における対話型熟議（DIDLIS：Dialogic Deliberation in Living Sphere）」という手法は、対話と熟議を通じて信頼を構築し、社会的弱者が直面する課題についての共通理解を構築すると同時に、その解決に向けて彼らが自ら創出しているイノベーティブな実践（内発的イノベーション）を明らかにすることを目指して開発されたものである［ペムバほか 2018］。この手法では、科学者と地域の人びとが対等な立場で対話し、ともに考えることができやすいように、対話は研究室や会議室ではなく、社会的弱者の日常生活の現場に科学者がお邪魔する形で行われる。地域を訪問する際には必ず地域のステークホルダーに信頼されているレジデント型研究者や知識の双方向トランスレーターが同行すること、過去に権力性を帯びてその地域に関わったことがある科学者は初期段階では対話に参加しないこと、科学者がオープンに学ぶ姿勢をもって対話を繰り返すこと、人びとの課題に寄り添ったシナリオのない柔軟な対話をインフォーマルな形で進めること、などの基本的なルールが定められている。このような対話と熟議を継続して何度も繰り返すことがとくに重要であり、その際に科学者は社会的弱者から学びつつ、新たな科学的な発想やアイデア、知識や技術を熟議の中に導入する［ペムバほか 2018］。この手法をマラウイなどで試行することによって、途上国の農漁村の人びとが直面する課題とその解決に向けて創発している内発的イノベーションの詳細な内容について、科学者と村人の共通理解を構築し、それを一連の物語（ナラティブ）として紡ぎ出すことができた。

その成果は、めざましいものだった。途上国の農漁村の村人が困難な状況のなかで創発させている、目から鱗《うろこ》が落ちるような内発的イノベーションが次々に明らかになり、その中心人物である村人の中のイノベーターとの信頼関係を構築し、協働してTD科学を進めることができたのである［Tajima et al. 2022a］。まず、マラウイ湖沿岸の漁村で、一九五〇年代から地域の伝統的首長が中心となって連綿と続けている季節禁漁による水産資源の効果的な管理の実践を紹介しよう［Sato

写真6-1　2019年の季節禁漁の解禁日の朝に湖岸に集まった漁民とムベンジー島．
村の伝統的首長による漁期の開始を告げる厳粛なセレモニーのあと，
漁民は一斉に島に向かって船出する
撮影：筆者

2020; Sato and Pemba 2022]。持続可能な資源管理の重要性が世界に広く認識されるよりもはるか前から、マラウイの辺境の漁村で、村人自身によって効果的な資源管理の仕組みがつくられ、それが現在まで三世代の首長によって受け継がれ実践されていることは、驚くべきである。マラウイ湖南西部のサリマ県のある村の沿岸から一〇キロメートルほど沖のムベンジー島の周辺は、重要な水産魚種の優れた漁場であり、全国から漁民が集まる(写真6-1)。この湖域を、産卵期である雨季に禁漁にして資源を保護するために、村人から尊敬され、信頼されている伝統的首長(イノベーター)を中心として自主的な規則がつくられ、その規則の実施のための委員会が組織されて有効に機能している。禁漁期の開始と終了の際には、厳粛なセレモニーが行われ、禁漁の意味が再確認されると同時に、前年の違反の状況などが報告される。村の沿岸の浅い湖域は、貧しい人びとの自給的漁業のために禁漁とせず、最も弱い立場の人びとへの配慮が行き届いている。規則執行のための委員会は、取り締まりだけでなく漁民の間のトラブルの調整や規則の公平性と透明性の担保にも重要な役割を果たしており、それが伝統的首長を中心とした管理システムへの信頼を高めている。しかも、この資源管理の仕組みは、さまざまな外来の科学者・専門家との協働を通じてダイナミックに進化し続けており、統合知の生産と活用を通じて、持続可能な未来に向けた本質的な転換につながる動きをコミュニティ内外に継続的につくり出している。

世界自然遺産でもあるマラウイ湖国立公園の中の漁村では、科学者と地域のイノベーター、漁業資源管理を担う沿岸村落委員会のメンバーなどが協働したTD科学の実践を通じて、革新的な里海型の資源増殖と沿岸管理の仕組みが創発している[Sato 2020; Takemura et al. 2022]。村人と科学者の対話を通じて、マラウイ湖沿岸の一部の地域で実践されている、束ねた木の枝などを湖底に沈めることで魚の隠れ場所を創出する試みと、湖底の構造が湧昇流《ゆうしょうりゅう》を発生させてプランクトン食の魚種を集める仕組みを利用した漁場創出についての科学者の知識を統合し、まったく新しいデザインの人工漁礁を構築した例である。木の枝は、水面近くでプランクトンを食べる魚の隠れ場所になる。それに加えて古いカヌーを沈めて、湖底で繁殖するナマズ類などの産卵場所を提供できる。平坦な湖底に岩を積み上げて突起物をつくれば、湖底流が岩に当たって湧昇流をつくり出す仕組みを模することができるはずである(写真6-2)。こうして設計された人工漁礁は、沿岸村落委員会という漁業者と沿岸住民の組織(イノベーター)のアイデアに基づいて、集落のビーチにごく近い浅い湖底に設置された。科学者の直感では、漁礁をつくるにはまったく適していないと思われる場所だった。しかし、実際にはその効果はめざましく、多くの村人が漁礁で自給的および商業的な漁業を継続しており、試験的な操業を行った際には予想を上回る大きな漁獲が得られた。

写真6-2 人工漁礁のモニタリングの様子.
積み上げた岩が湧昇流を発生させ，古いカヌーや木の枝が魚の隠れ場所と繁殖資源を提供することを狙っている
撮影：筆者

村のビーチから漁場までの移動距離が大きく短縮されただけでなく、集落の最も貧しい弱者の「おかず採り」の機会が創出されていることは、最大の成果である。また、平坦な砂泥底《さでいてい》に漁礁を設置したことが多様な魚種にとっての新たな生息場所と繁殖資源の創出につながり、資源状態の改善と安定化をもたらしていることも確実である。雨季には水産資源としてとくに重要な大型ナマズが、漁礁を使って繁殖と稚魚の保護を行っていることが確認されている。また、漁礁が世界自然遺産の水中保護区からも遠くない位置に設置されたことも、予想外の効果を生んだ。世界自然遺産の保護対象種である岩礁に生息する魚類が人工漁礁に棲み着いていることが確認され、生物多様性保全の側面にも副次的効

果がありうることがわかったのである。この人工漁礁は村内外の広範な人びとや組織の関心を集めており、このような取り組みがさらに普及することによって、持続可能な資源管理と人びとの福利の向上に向けた、地域コミュニティの本質的転換を加速することが期待できる。

5 統合知がもたらす本質的転換のメカニズムを求めて

地域社会の現場からダイナミックに創発している内発的イノベーションと、それを支えるＴＤ科学による統合知の生産から、現代社会が直面するやっかいな問題のプロセスとしての解決と、持続可能かつ公平な未来の実現に向けた社会・生態系システムの本質的転換をもたらすメカニズムを理解し、動かしていくことが求められている。その可能性を探るためには、コミュニティが創発させている内発的イノベーションを収集・分析し、統合知に基づく社会の本質的転換の実現要因の探索と、内発的なイノベーションの創発の仕組みを検討することが必要だろう。

図6-2は、世界各地のＴＤ科学の実践と成果に基づいて提案された、統合知に基づく社会生態系システムの本質的転換の概念モデルである[Sato et al. 2018a]。統合知の生産、個人や小集団レベルでの意思決定とアクション、フォーマル／インフォーマルな制度や仕組みの変容の相互作用系として本質的転換のメカニズムをとらえようとしたもので、この三要素が知識の双方向トランスレーションと相互学習を通じてつながっている。この相互作用を促すのが、ＴＤ科学の多様な知識生産者、知識の双方向トランスレーター、知識ユーザーなどのアクター(図中央)である。統

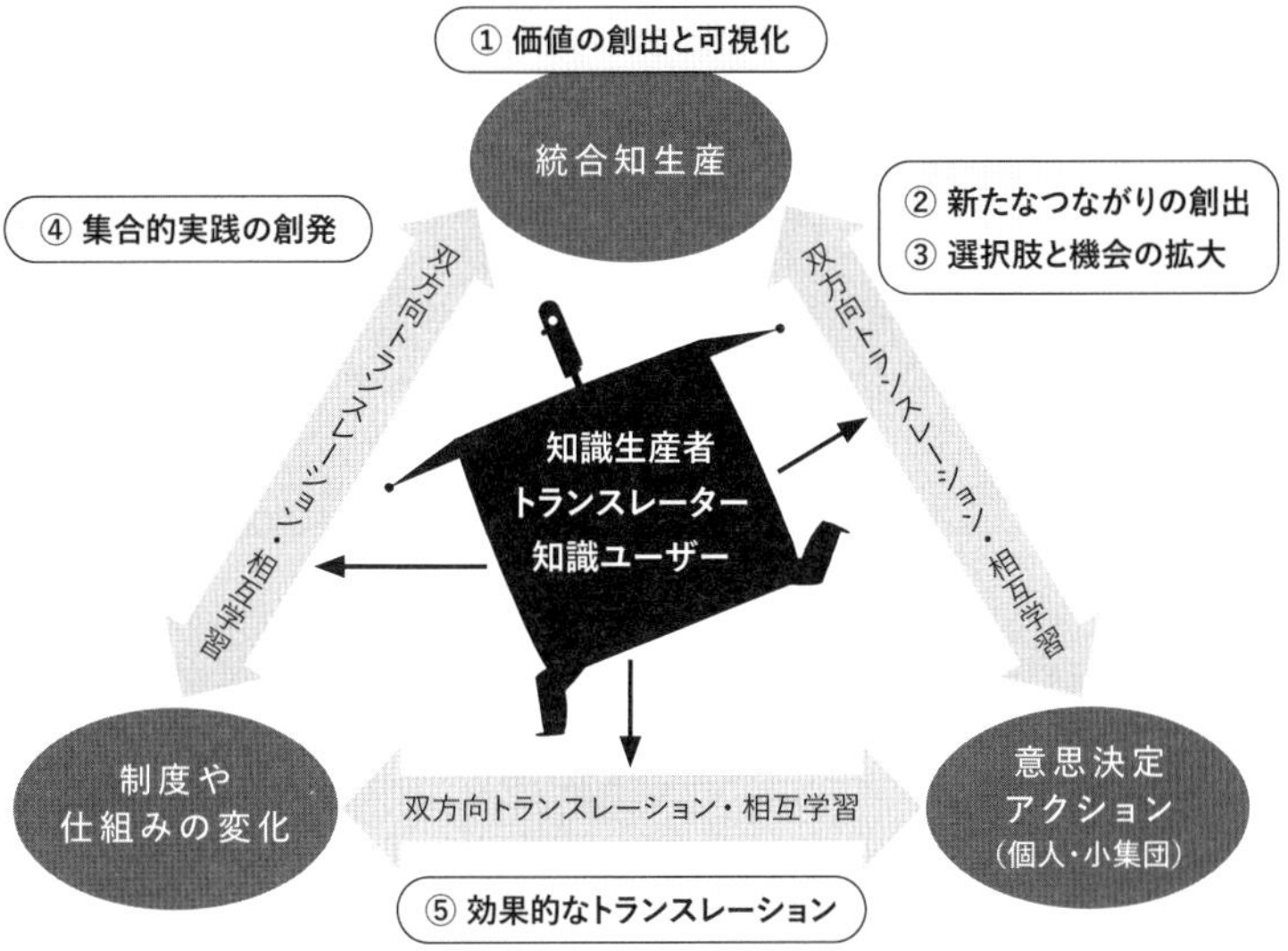

図6-2　統合知を基盤とした社会・生態系システムの本質的転換の概念モデル
三要素の相互作用系と本質的転換の五つの実現要因の位置づけを示す．詳しくは本文を参照のこと．
出所：Sato et al.［2018a: 5］, Fig. 1.3 を改変．

合知に基づくシステムの本質的転換は、知識が個人や小集団の意思決定と行動を変容させ、それが制度や仕組みの変化につながるという時計回りのプロセスと、知識が制度や仕組みに直接影響を与え、その変容が人びとの意思決定や行動を変化させるという反時計回りのプロセスに整理できる。このモデルに基づいて、統合知による社会・生態系システムの本質的転換を促す「実現要因」として、「価値の創出と可視化」「新たなつながりの創出」「選択肢と機会の拡大」「集合的実践の創発」「効果的なトランスレーション」という五つの要因が重要であるという仮説が提案されている［Sato et al. 2018a］。世界各地のＴＤ科学を通じた持続可能で公平な未来に向かう効果的な実践の事例では、それぞれの地域が直面する複雑でやっかいな問題に適合する形で、これらの五つの実現要因が組み合わされ、相互に深く関連しながら作用して、さまざまなアクションが継続的に創発されているように見える。したがって、これらの実現要因をそれぞれの地域の実情に合わせて整え、活性化し、ダイナミックに活用することが重要だと考えられる［Sato et al. 2018b］。

社会・生態系システムの本質的転換につながるレバレッジ・ポイントは、このモデルのさまざまな箇所に、五つの実現要因と深く関わる形で埋め込まれている［Tajima et al. 2022b］。それぞれの地域で創発してきた内発的イノベーションについて、システムの本質的転換につながるレバレッジ・ポイントを見つけ出し、実現要因との関係を詳細に分析することで、システムの本質的転換のメカニズムに迫ることができるのではないか。科学者と途上国の村人という異質なアクターの協働による、異なる背景から生まれる知の統合が、持続可能で公平な未来の実現に向かう社会・生態系システムの本質的転換を駆動していくことを願っている。

付記

本研究は、総合地球環境学研究所実践プロジェクト「地域環境知形成による新たなコモンズの創生と持続可能な管理」、JST-RISTEX フューチャー・アース構想の推進事業「貧困条件下の自然資源管理のための社会的弱者と協働したトランスディシプリナリー研究」プロジェクト、および、JST-JICA SATREPS「マラウイ湖国立公園における統合自然資源管理に基づく持続可能な地域開発モデル構築」プロジェクトの支援を受けて実施された。

第7章

社会実験による解決を考える

再生可能エネルギーの適地抽出に向けた住民参加の研究実践

丸山康司

1 はじめに——環境問題と社会実験

❁環境の課題の難しさ

環境問題は現代社会が抱える課題の一つであるが、物質的な現象が深く関わっている。人と人の関係に由来する多くの社会問題とはこの点が異なっており、気候変動のように社会を支える物質的基盤そのものに関わることもある。しかも、原因と結果が時間的あるいは空間的に拡散している課題も少なくない。ここに環境問題独自の難しさがある。ある問題の原因と結果が日常的な時空間の範囲で閉じている場合ならば、誤った行動の結果は自ら引き受けることになる。少なくとも行動の帰結が個人の生涯と密接に関わるような問題であれば、自分自身の行いが将来的に自らに損害を及ぼすという自損的な問題構造を認識し、合理的に行動することはさほど困難ではない。個人の自由を尊重しつつ、社会そのものの秩序や存続を脅かす問題にはルールで対応すればよい。

ところが気候変動のような問題の場合、原因となる個々の出来事は広い範囲に拡散している。二酸化炭素排出量の増大は産業革命以来であるし、化石燃料は地球上のあらゆる場所で利用されている。程度の差はあるものの、過去の世代も含めた全人類が原因に関与しているといえる。

このような問題では個々の主体の影響力は大きくない。そうなると責任も曖昧となり、帰責原理が機能しにくくなる。社会全体の利益を理由として規制を導入したり人びとの行動を改めようとしても、これらが個の不利益を伴う場合には反対する人も出てくるかもしれない。その一方で個の側から自発的に問題を解決しようとしても、それぞれの直接的な貢献は限られてしまう。

問題を構成する時空間の広がりや進行速度の遅さは、資源枯渇や生物多様性など持続可能性に関わる問題全般に共通する特徴である。しかもこれらの問題には不可逆性があり、事後的な対応策は限られている。このため、問題解決が容易ではないとしても先送りが許されるわけでもない。そこで、不確実性があったとしても科学的知見を参考として安全側に判断する予防的な対応が検討されることになる。だが、これが別の問題を喚起することがある。予防的措置によって不利益が生じる人びとにとっては、例えば規制のような措置は納得感が薄く、事実関係の不確実性を理由に抵抗することがある。現在でこそ「疑う余地がない」[IPCC 2021]とされている気候変動と人間の活動の関係も、一九九〇年代には懐疑論との論争があったし、その当時から検討されてきた炭素税のような施策は産業界の反対もあり、日本では本格的な形では実現していない。

❁社会実験の可能性と必要性

このように、社会の持続性に関わる問題への対応は容易ではない。不可逆的で不確実だからこそ予防的に対応する必要があるのだが、不確実性が合意を難しくしている。ただし、合意がないと問題解決が不可能というわけでもない。社会が必要とするのは、例えば二酸化炭素排出量の削減といった「結果」であって、必ずしも問題意識そのものや責任への自覚ではない。問題解決の動機や手段は多様でありうるし、むしろそれが望ましいかもしれない。論点が多様で複雑な問題の解決策について社会全体で合意することは難しいとしても、コミュニティなど小さな社会では論点が絞られるかもしれない。あるいは重視される価値の違いを生かすことも可能かもしれない。大きな社会を一つの論理で大きく動かすという発想だけではなく、複数の小さな社会を多様な論理に基づいて同時多発的に動かすというところにも持続可能な社会に転換する可能性を見いだすことができる。

小さな単位で解決を構想するにあたって、環境社会学が強く意識してきたのが、社会の中での実践である。ただ、従来の社会科学の多くはこうしたアプローチに消極的であった。社会現象は複雑で再現性が低いこともあって、社会科学において、後追い的な調査を積み重ねながら普遍的な知見へと集約していくという研究スタイルには、合理性がある。そこから得られた結果を政策などに生かすことによって、社会科学の研究が問題解決に寄与してきたのも確かである。ところが環境問題のように不可逆性の強い問題に関する研究では、知識の正確さを求めることと社会の中で問題解決に寄与することとの間に矛盾が生じる場合がある。科学は対象に対して客観的あるいは中立的であるべきであり、実践や価値判断に踏み込むべきではないという規範が、後追い的な研究の姿勢を正当化してきた側面もある。だがそうした研究が、不可逆性のある課題への対応に無力であるとすれば、それにもかかわらず現実に関与しないことは、実はそれ自体が「関わらない」という一つの立場を選択していることになる。こうした点を突きつめていくと、社会科学の研究と、不可逆な問題の解決への寄与とを両立させる、何らかの方策が必要になる。その一つの有力なアプローチとして本章で取り上げたいのが、社会実験である。

実験というと理科の実験のようなものが想像され、社会を対象にそれを実施するという発想には違和感が生じるかもしれない。だが実際、社会科学においても実験はこれまでにも広く用いられてきた。心理学の方法論の一つの柱は実験であるし、これと経済学を融合した実験経済学という分野もある。そもそも実験とは、「ある対象に目的意識を持って働きかけた結果を検証する」［板倉 1969］ことである。この定義に立ち戻れば、社会を対象とした実験も存在しうることは理解できるであろう。

自覚的に実験という立場を標榜していなくても、例えばアラン・トゥレーヌが一九七〇年代に提唱した「社会学的介入」［Touraine et al. 1980＝1984］のように、現実の社会課題に研究者が働きかける研究方法は存在する。また、一般に「客観的」だと考えられている質問紙調査のような手法も、実際には研究者からの働きかけによって人びとの意識を特定の課題に向かわせているという意味で介入的、実験的な効果をもたらす可能性を有している。このように考えれば、社会科学の研究のかなりの部分が、潜在的には、ここでいう実験としての性格を帯びているとみることすらできる。

実験の場は実験室のような空間に限られるわけではないし、担い手も研究者に限定されるわけではない。近年、工学分野で提唱されている実証実験やオープン・イノベーションのように企業や市民などのステークホルダーが関わりながら何かを開発するという方法は、社会科学でも十分可能である。知識生産の担い手と利用者が協働する発想はすでにこれまでも示されてきたし［菅 2013］、地域づくりや参加型アクションリサーチといった形で応用範囲も広がりつつある［平井 2022］。

ここまで述べてきたことを踏まえ、本章では、①実践的意義を意識し、②研究を踏まえた仮説構築に基づき、③成否を科学的に検証するものを社会実験と定義し、その可能性を論じたい。先進事例から抽出された理論や概念を普及させることや、ＰＤＣＡサイクル（Plan／計画、Do／実行、Check／評価、Action／改善）といったプロセス管理はさほど珍しいことではない。しかし、これらと違うのは、従来の研究成果を踏まえて計画し、第三者が検証可能な形で結果を明らかにする、科学的な知識生産に則した取り組みであるという点である。手法としては仮説検証型となり、課題把握からいきなり解決策を着想するのではなく、先行研究から導かれる理論的可能性と対象とする課題や地域特性に合わせて実践方法を検討するという過程が追加される。これらによって、単なる思いつきを排除することや、取り組みの成否の判断基準を明確にすることが可能になる。

既存の知見による裏付けは、社会における問題解決を志向した研究にとって、きわめて重要である。現実の社会にはさまざまな人びとが存在し、それぞれの思惑や利害や都合がある。期待する成果を得ようとするなら、これらを十分に理解しておく必要がある。現実の社会への介入は、関わる人びとの信用や問題解決への意欲を失うといった負の影響を伴う恐れもある。どのような論理で社会が動くかは多様な可能性がある。試行錯誤は不可避だとしても、アイディアを裏付ける準備が必要だろう。環境社会学はさまざまな事例を一般化したうえで蓄積してきているので、問題の構造が類似したものも含めれば相当量の研究が存在している。無用な失敗を回避するうえで、こうした先行研究を参考にしながら、場合によっては予備的な調査を行うことは効果的であろう。既存の知見を参照することで、実践に伴うリスクや可能性をステークホルダーにあらかじめ提示することもできる。科学に対する信頼の根拠は、本来はこうした筋道の透明性にある。

実践の結果を検証する際にも、実験という発想が必要である。既存の研究を踏まえて仮説を構築したうえで第三者が検証可能な形で結果を検証するという方法に則ることによって、問題の性質や対象とする社会の特徴、あるいはアプローチの違いなどに基づいて実践を体系的に整理し、試行錯誤の経験を幅広く蓄積することが可能になる。多様な論理に基づいて複数の小さな社会を同時多発的に動かすためには、こうした知のストックや学習が必要となる。

2 社会実験の手法

では、社会実験の具体的な手法にはどのようなものがあるだろうか。取り組みの内容と環境社会学の主体性という二つの観点から整理してみよう。内容としては主に現状把握や事実確認を目的とする「調査」と、具体的な行動変容などを目的とする「実践」が考えられる。もちろん両者は連続しており、とくに「実践」の多くは、その前提として対象とする問題についての共通認識や集合知をつくり出すための「調査」を含むのが一般的である。具体的に、あるひとまとまりの活動やプロジェクトが「調査」であるか「実践」であるかは、表面的な実施内容ではなく、実施者の主たる目的によって判断されるべきだろう。

主体性の観点からは、自然科学の社会実験や市民などの活動に寄り添いながら環境社会学者が補完的に関与する場合[Mikami 2022]と、むしろ主体的に関与する場合とに分けられる。技術の実用化や社会実装、生態系保全における自然再生や里山管理、交通や地域づくりにおける住民参加など、自然科学分野では現実の問題解決を目的とする研究がある。そこで生じるステークホルダーとの関係についての課題や可能性を発見し、プロジェクトの進め方へとフィードバックすることは、環境社会学が実践的な研究を行う一つの方法である。環境社会学者が主体的に関わる社会実験も考えられる。コミュニケーションや合意形成、社会的仕組みの提案などが可能であろう。これを調査と実践という関与のあり方と組み合わせると、①補完的調査、②主体的調査、③中間支援、④社会イノベーションと整理できるだろう。

環境社会学のこれまでの研究にも、社会実験とみなせるものは多い。代表例の一つとして市民参加型調査がある。一九八九年から琵琶湖博物館が行ってきた「ホタルダス」[水と文化研究会編 2000]は、地域の人びとからホタルの生息情報を集約したもので、ホタルが生息する水環境やこれに影響を与える人間の生活との関連を可視化するという意味では①の補完的調査となる。子どもの夏休みの宿題などを通じた地域づくりとしての副次的効果も意図しているという意味では②の主体的調査ともいえる。また、明示的に環境の変化と個人のライフヒストリーの関係を可視化する取り組みとして、資料提示型インタビューという手法も試されている。対象者と琵琶湖の関わりについて過去と現在の写真を並べることによって、湖と人びとの関係の変化を可視化しようとしている［嘉田 2018］。こちらは②の主体的調査であり、環境社会学者が調査という手法を用いて環境への認識を共有する方法を新たに開発したものといえるだろう。調査という方法を生かした取り組みとして、近年では熟議を実現する社会実験もある。例えば、行政が実施する無作為抽出型世論調査に協力しつつ、民主主義のイノベーションという社会学的関心と結びつけた取り組みがある［三上 2022］（本書第8章参照）。社会科学の方法論を用いて科学知としての信頼性を担保し、ある問題に対する意見の多様性や複雑さを読み解くための手法を開発することも、環境社会学の一つの役割となるだろう。

環境保全をめぐる利害の構造を組み替えようとする社会実験もある。野生動物の保護と獣害、あるいは再生可能エネルギーと環境影響など具体的な取り組みはさまざまであるが、環境保全を進めようとしたときに現場で受益と受苦の齟齬や不均衡が生じることは少なくない。不利益を伴わない場合であっても、例えば自然再生に必要な農法の転換に伴う作業負担が理由となって取り組みが進まないこともある。その一方で、生態系や自然環境に強い関心を持たない主体であっても、経済的な動機や地域への愛着などが誘因となって協働が進むこともある［菊地 2017］。こうした実践に対して、多様な動機づけによって多様な主体の参加や合意形成を実現するメディエーター（仲介者、仲裁者）として環境社会学が実践的に関与する可能性が指摘されている［茅野 2014］。例えば、「評価」という方法を応用してステークホルダーの相互理解を深める方法などの試みがある［菊地ほか 2017］（本書コラムC参照）。これらは③の中間支援に相当するだろう。

④の社会イノベーション[1]に相当するものとしては、青森県鰺《あじ》ヶ《が》沢町《さわまち》での市民風車の事例がある［丸山 2005］。この取り組みは、今日クラウドファンディングと呼ばれる小規模出資による資金調達の先駆けであり、風力発電事業に市民が経済的仕組みを通じて参加する方法を拓いた取り組みであった。加えて、潜在的な受苦圏である地元地域からの支持を得るために、出資に対する利回りを高めた地元住民向けの募集枠を設定するといったことにも配慮している。その結果、環境意識だけを誘因としない人びとの動員にも成功しており、他の市民風車よりも地元出資者の割合が高い。こうした実践的社会実験の数は必ずしも多くないが、福島原子力発電所事故に伴う広域避難者の支援［西城戸・原田 2019］や、福島原発事故後の農作物への安心感の形成［五十嵐・「安全・安心の柏産柏消」円卓会議 2012］などの事例がある。前例のない社会課題に向き合うための方法として今後、必要とされるだろう。

3 風力発電の適地抽出における社会実験

◆適地抽出（ゾーニング）の必要性と課題

ここまで社会実験の意義と可能性について論じてきたが、具体例の詳細をみてみよう。取り上げるのは再生可能エネルギー（以下、再エネ）事業に対する合意形成の手法である。利害対立が予想されるような課題に対して、紛争的な状況になるのを回避したり重視する価値が異なる主体の合意を実現するような方法を考えた事例である。

気候変動や資源枯渇への問題意識を背景として、脱炭素に向けた動きが世界的に加速しつつある。実現方法はいくつかあるが、再エネの大量導入は主要施策の一つである。その一方でさまざまな課題も生じている。自然条件の変化に伴う出力の変動への対応などの技術的課題やその経済的評価も含めた課題も少なくないが、立地地域における環境影響や合意の問題もある［丸山 2014］。パリ協定や持続可能な開発目標（SDGs）が提唱されるようになり、再エネの大量導入を基調とするエネルギー転換が求められているが、その一方でこれが同調圧力となることも指摘されており、社会的公正への配慮を含む「エネルギー正義（Energy Justice）」が提唱されるような現状もある［Sovacool and Dworkin 2014］。実際のところ、日本においても地域住民の反対を受ける例が増加しており、規制的な条例など地方自治体の警戒的な対応も増えている［山下 2021］。

環境影響評価法などに基づいて調査や予測を踏まえたコミュニケーションが制度化されている

ものの、合意形成は容易ではない。その背景には論点の齟齬がある。社会全体としてはエネルギー転換が必要だとしても、地域のステークホルダーにとっては「誰が」「なぜ」「どこに」つくるのかといったことも関心事である。環境影響評価制度では、事業者が基本的な計画を定めたうえで「どのように」実施するかという点に議論が限定されている。このことは論点の拡散を防ぎ具体性のあるコミュニケーションの場とするために必要ではあるものの、地域住民をはじめとするステークホルダーの問題関心との齟齬が生じやすい。また環境影響評価は、事業の熟度がある程度高まらないと実施できないが、その段階においては大きな計画変更や抜本的な見直しが難しいことも多い。このことも合意形成を難しくする一つの要因である。

この課題に応える可能性があるのが適地抽出（ゾーニング）という手法で、多様な情報を集約し環境配慮や経済性などを踏まえて適地についてあらかじめある程度合意しておくという方策である。二〇二一年五月に改正された「地球温暖化対策の推進に関する法律」（温対法）では、脱炭素の目標や促進区域を地域ごとに設定する取り組みが支援されるようになった。地域での脱炭素に必要な再エネ導入量や場所についてあらかじめ合意しておくという道筋が示されたことになる。ただし、実際にゾーニングを通じた合意形成を進めようとした場合には課題もある。一つは、どのような項目について配慮するべきかという点である。自然公園の特別保護地区など法的な位置づけが明確なもの以外にも配慮すべき事柄は多岐にわたる。これらをどのような方法で掘り起こすかが課題となる。もう一つは、配慮すべき項目についての価値判断である。景観のように、多くの自治体で規制対象とはなっていないものの人びとが関心を持つ事柄が存在する。ゾーニングはそのような情報の扱いも含めて地域の判断に委ねようとするのだが、配慮するにしてもどのような根拠でどのように線引きするかが課題となっている。

◆リスク・ガバナンスの社会実験

このような問題意識を踏まえて、陸上風力発電のゾーニング事業において社会実験を実施した。対象とした事例は秋田県にかほ市の取り組みである。市は環境省の委託を受けて二〇一八年から三年間にわたり「風力発電に係るゾーニング実証事業」を実施しており、筆者はそこでの協議会会長を務めている。ここで紹介する情報の多くは筆者自身の参与観察の結果に基づいている。

にかほ市は風況が良く、多数の風力発電施設が稼働している。その一方で風力発電施設が景観や自然環境に与える影響への懸念や、合意形成の手続きを疑問視する住民も存在していた［にかほ市 2021］。秋田県沖で大規模な洋上風力発電が計画されていることもあり、にかほ市近辺や秋田県全体では二〇一九年頃より洋上風力や風力発電そのものへの問題提起や騒音被害などの調査を行う市民の動きが活性化しつつあった。このような状況のなかで、もともと市との交流があった筆者からの提案なども踏まえて風力発電のゾーニングを実施することとなった。

再エネと社会の関係を研究する社会的受容性の先行研究では、立地地域におけるステークホルダーの否定的反応は、公益と私的不利益の対立に伴うＮＩＭＢＹ（Not in My Backyard）ではなく、肯定的な反応も含めて多様であり、社会的に構成されていることが指摘されている［Devine-Wright 2005］。具体的には、事業に伴うリスクと便益の分配、意思決定の手続きの公正さ、そして信頼の三つが主要な要件とされている［Wüstenhagen et al. 2007］。ゾーニングは個別の案件に先立って条件を整える方策であり、公正な手続きを実現できる可能性がある。また、リスクをどう社会的に制御するかについてのガバナンス［Renn 2008］の応用でもある。ガバナンスの手法としては、問題の性質に応じて意思決定に参加する主体や方法を整理するリスク・エスカレーター［Renn and Klinke 2015］がある。単純かつ科学的知見の信頼性が高ければ行政のみの判断で解決可能であり、事実関係も価値判断も複雑な場合には熟議的手法が必要といった形で課題の類型に応じた解決手法が示されている。再エネ導入で難しいのは懸念事項が多岐にわたるため、ガバナンスの方法そのものが混乱しがちな点にあり、リスク・エスカレーターの考え方を単純には適用できない。

そこで、リスク・エスカレーターの考え方を応用するのは騒音や景観といった個々のリスク要因に限定し、全体としては社会的受容性の理念を踏まえたガバナンスを試行することとした。情報公開と意思決定の透明性に最大限配慮することによって手続きの正当性とステークホルダーからの信頼を担保し、リスクの性質に応じて多様な方策を試行することとした。

透明性を担保するためとはいっても、風力発電そのものを否定するような意見の扱いは行政にとっては難しい課題である。賛否にかかわらず、一部の人びとのみの合意に基づいた場合には正当性に疑義が生じる。意見交換のための開かれた場を設定するだけでは偏った意見分布になる可能性があるし、そもそもそのような場で特定の結論が得られたとしても、それに基づいてどのような意思決定ができるのかという課題が発生する。そこで必要なのが、科学的手法を用いた事実認識も含めたコミュニケーションのデザインである。科学コミュニケーションや熟議的手法を専

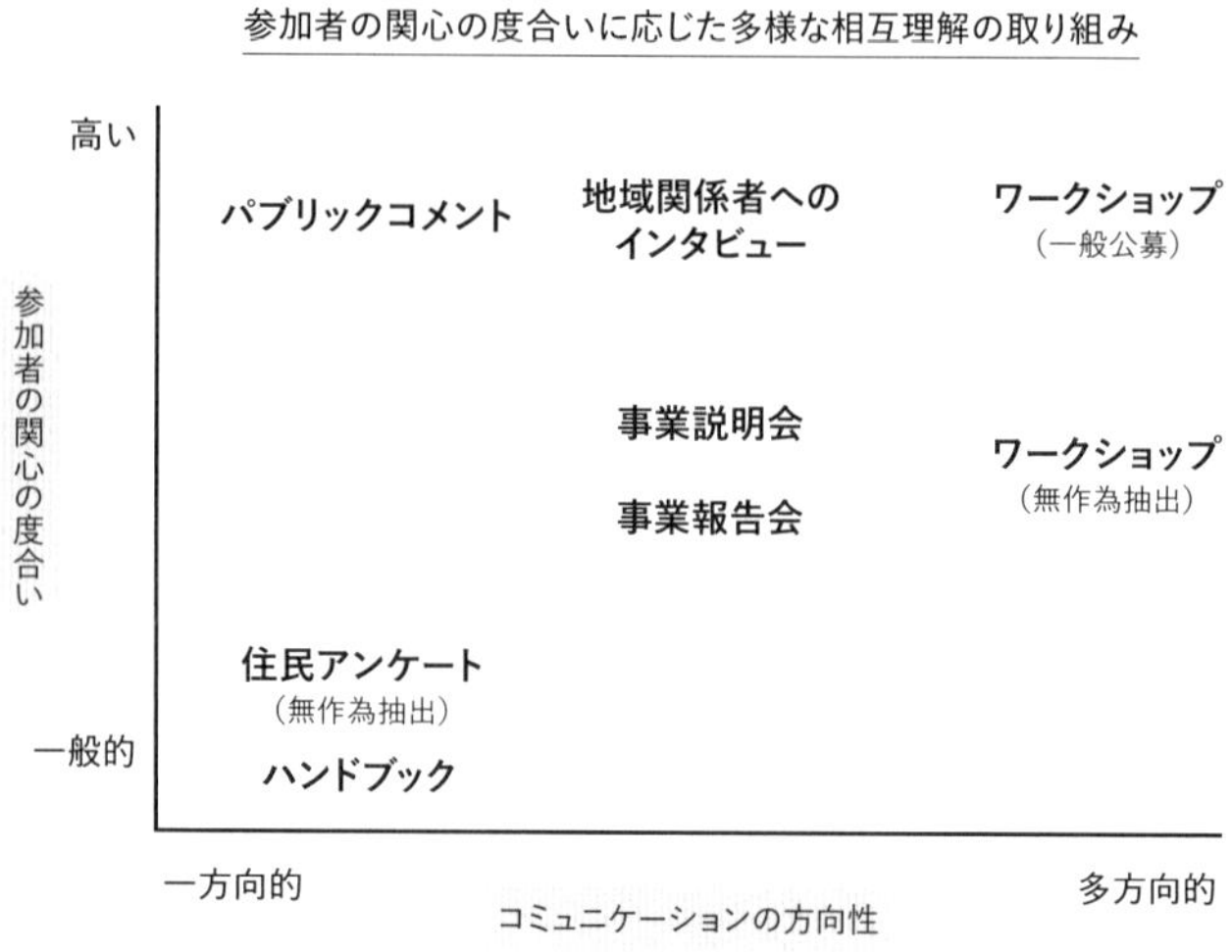

図7-1　関心度に応じたコミュニケーション手法の整理
出所：にかほ市［2021］.

門とする実践的研究を行っている科学コミュニケーション研究所やNPO法人環境エネルギー政策研究所の協力を得て、**図7-1**のように複数の場と手法を組み合わせたコミュニケーションを試行することとした。

図の縦軸は関心の強さ、横軸はコミュニケーションの方向性を示している。住民アンケートやパブリックコメントなど行政が多用する手法は、情報収集の方法として一般的であるし、広く全員を対象にできるという利点はあるものの、個別の意見の背景を知る方法としては不十分である。また、説明会のような場に参加する人の多くは問題への関心が高い人びとであり、その中でも、進めようとする施策に対して疑問を持つ人びとには積極的に行動する動機が発生する。行政と住民が対峙するような状況になる可能性もある。多数を占めると考えられる中間的な人びとの疑問や考えを収集する方法にも工夫が必要となる。

こうした課題に応えるため、問題関心が強いステークホルダーには個別のインタビューを積極的に行っている。また多方向的なコミュニケーションの場を設定し、住民同士が意見の多様性を共有したり相互理解を進めるための無作為抽出型で選ばれた住民によるワークショップを実施している。さらに必要に応じて属性を限定したワークショップも計画していた。

❁社会実験による情報収集と結果の活用

ワークショップでは多様な情報や意見が提示されたが、行政としてはこれらのすべてを意思決定の直接的根拠とはできないこともある。その一方で、これらを参考情報とすることによって情報の精度や代表性を考慮せずに幅広く情報収集ができている。例えば、ワークショップやアンケートを通じて地域住民にとっての重要な場所や眺望点を集約し、その結果を受けて集落墓地や水脈などを情報項目として追加している。これらも含めた情報項目の数は六〇にのぼった。適地となる導入可能性エリアを決めるにあたっては情報の精度や不確実性なども考慮しているが、残りの二一項目も事業者への注意喚起のための参考情報としている。

このように情報の多様性には配慮した一方で、項目間の優先順位や重み付けについては必ずしも踏み込んだ判断をしていない。ゾーニングで扱う情報は多様であるため、優先順位を設定しようとしても一貫性のある理由づけは難しい。ある人にとっては、例えば鳥類の生息地が決定的に重要であり、景観についてはそれほど重要ではないかもしれない。その一方で、地域振興などの地域での受益、あるいは気候変動への危機感などを理由に異なる優先順位を設定する人もいるだろう。こうした価値判断は基本的にどれもがその人にとっては正当なものである。対話を通じて他者の見解を理解したり共有することは可能であっても、正否の次元で扱えるものではない。意見の多寡で決めることは可能かもしれないが、それは手続きにすぎない。

　こうしたことから、原則として法的あるいは物理的に不可能な区域以外では価値判断そのものには踏み込まず、懸念事項の数を地図情報として可視化することとした（図7-2）。項目の数は事業者にとっては難易度の目安となる。一方、住居からの距離といった情報も表示してはいるが、これ自体を何かを決定するための根拠とはしていない。実際に使用する設備の特性を反映させないと評価が難しいことと、風車騒音への不快感と距離とは相関しておらず事業者のコミュニケーションや利益分配といった要因に規定されているという知見[Pohl et al. 2018]を踏まえた結果である。この点については事業者の工夫や裁量の余地を残している。その一方で、ステークホルダーへの聞き取りの結果や生態学の知見を生かし、希少猛禽類《もうきんるい》の営巣地《えいそうち》となる可能性が高い場所は生息情報がなくても予防的に扱っている。

　ワークショップでは、市のエネルギー政策やリスク管理などゾーニングそのものとは直接関連しない事項についての指摘も多かった。これらについてもプロセスへの信頼を構築するため積極的に対応した。ただし、その際には悪影響への懸念のみならず再エネによって便益がもたらされた事例も紹介している。実際のところ、景観の変化などに対する評価者の主観的判断による許容度は、便益がもたらされることによって上がることも多く、逆にリスク要因のみを検討する場合にはより安全側の判断になりがちである[Haac et al. 2019]。こうした点も踏まえ、再エネ事業による地域貢献などの便益、あるいは発電した電気の消費方法や環境価値の帰属など、「なぜ」に関わ

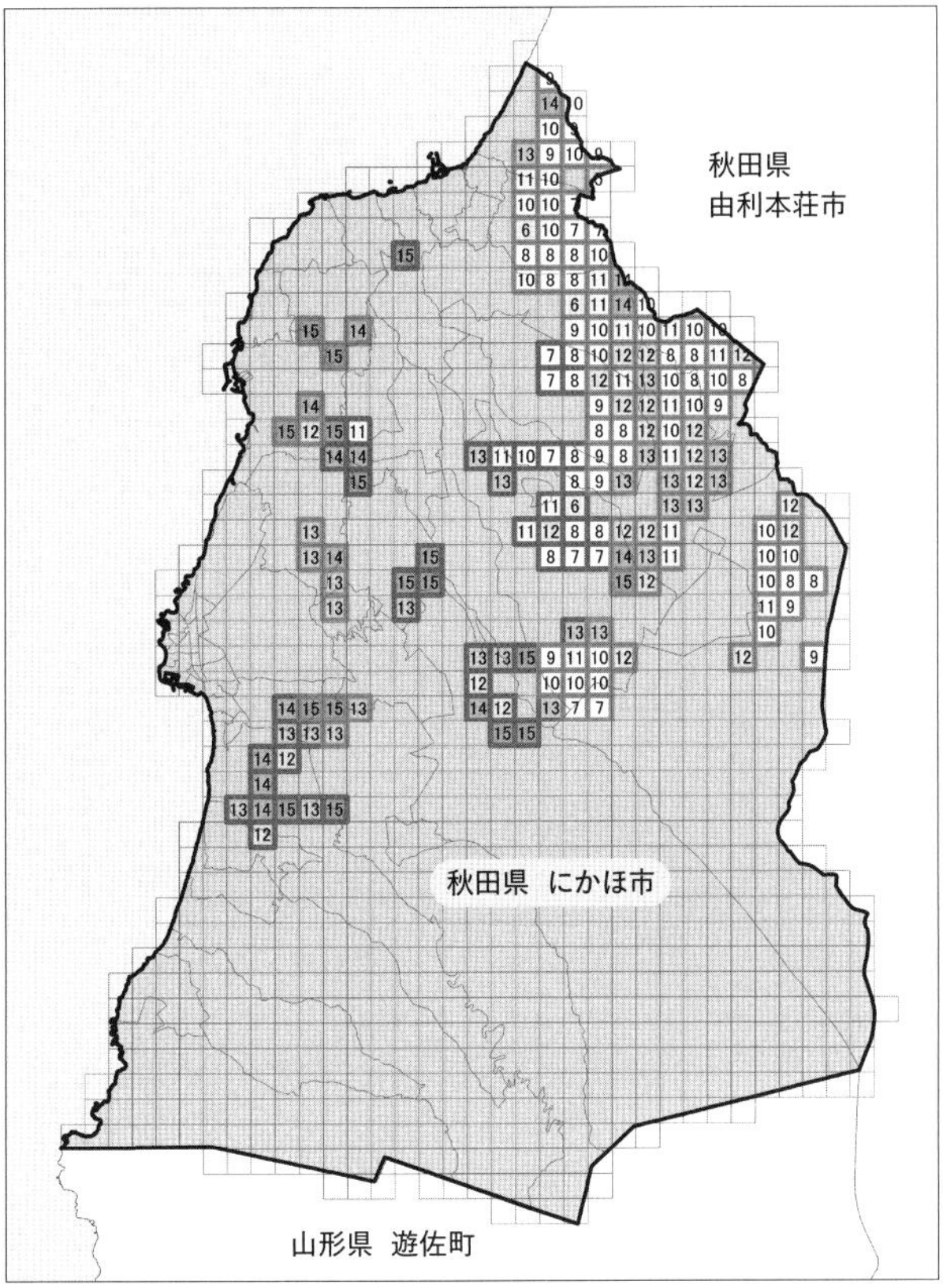

図7-2　導入可能性エリアおよび調整エリアに係る環境要素の重複度

出所：筆者作成.

る指摘も積極的に取り上げ、政策遂行上の課題として取りまとめている。

個々のリスク要因については、科学的知見も活用しながら指摘内容に応じて対応した。例えば再エネ導入による温室効果ガス削減効果への疑問など、誤解が含まれている場合には訂正している。その一方で、騒音問題など不確実性があるものについてはそれに応じた方策を検討している。環境省の指針値の信頼性は論点の一つとなっていたが、指針値以下でも被害が起こる可能性があること、蓋然性は低いこと、また大半は防音工事や運転調整などの事後的な対策によって解決している事例が多数存在するといった事実関係は共有できた。この点を踏まえ、予防的措置だけではなく、運転後に実際に何が起こるかを確認しながらあらかじめ決めた事後対応をとる順応的管理が必要という取りまとめに至った。つまり、不確実性があることに対して「わからない」としたうえで、「わからない」なりの対処方法を合意したことになる。

ワークショップで指摘された便益の付与や順応的管理といった事項は、ゾーニングに付随する市のエネルギー政策上の課題として取りまとめ、それを前提として地域区分について合意することができた。二〇二三年現在、市では条例を策定中であり、ゾーニングの結果だけではなく、事業者の努力義務として地域貢献や住民との対話、あるいは不確実性がある問題への協定書の締結といった内容を盛り込もうとしている。

このように、にかほ市の事例では情報や意見を収集する過程の透明性に配慮し、市民からの情報提供やワークショップのような参加手法を導入し、多様な情報を集約している。また、コミュニケーションの手法も詳細に検討し、相反する意見を持つステークホルダーの参加を担保しながら意思決定している。こうした取り組みの結果、合意形成の過程そのものへの正当性を高めることができた。促進区域を定められたことは行政にとって一定の成果である。それと同時に、風力発電に疑問を持つ住民からも、「住民の意見を聞く機会をつくり、行政や専門家が誠実に取り組んでいる点は評価できる」と評価されている［古屋 2022: 280］。

4 社会実験の可能性

本章で紹介したにかほ市の事例は、エネルギー転換における合意形成の実践例とみなせるが、再エネの社会的受容性やリスク・ガバナンス研究における社会実験としての意義もある。これまでの社会的受容性の研究では、事例の収集から抽出された規範として分配や手続きが示されてきたが、これを演繹的に応用可能であることを明らかにした。さまざまなリスク要因が混在する課題におけるリスク・ガバナンスの応用事例にもなっており、要因ごとに各論を切り出し、リスクの性質に応じた方策を講じることによって、ガバナンスのプロセスそのものへの信頼を維持することが可能であることを示した。また、不確実性がある科学的知見であっても、事後対策と組み合わせるといった使い方によって意思決定の材料となりうる事例となっている。これらを組み合わせた実践的成果として、再エネに対して疑問を持つ人びとも含めた合意形成の一つの方法を示すことができた。

社会実験という手法は、エネルギー転換以外の幅広い課題に応用できる可能性がある。個と全体の緊張という問題は、生物多様性の保全から廃棄物処理に至るまで環境問題全般にも共通している。そこには科学的な知見の不確実性があり、世代間の利害の矛盾もある。さらにはフレーミングや価値判断の多様性もある。環境問題は社会的ジレンマの一つの典型であり、個人の利益と全体の利益のどちらを選択するかという問題設定をしてしまうと答えられなくなってしまう。実際のところ、二項対立的な状況のなかで時間だけが経過するような問題も存在する。難問ではあるが、難しいという理由で放置してしまうことが許容されるわけでもない。

だが、そのような問いには直接答えずに現実の問題を解決することは可能である。一見したところ二項対立のように見えていても、それは問題を抽象化して一般化した結果にすぎない。現実の問題というのは、人びとの具体的な利害関心や事実認識がいわば寄り集まる形で形成されている。そのため、個別具体的な論点の次元に注意深く目を向ければ、利害関心や事実認識が相矛盾するトレードオフ（一方を追求すると他方を犠牲にしなければならない二律背反の状態）の状況を解消しうる組み合わせや、異なる立場の間に相乗効果となるシナジーを生み出しうる組み合わせを見いだすことは可能である。必要以上に問題を抽象化しようとせず、実際の問題に即して考えるようにすれば、多くの場合、個別最適と全体最適を架橋する誘導的選択肢は見つかる。

気候変動の問題に典型的に現れているように、環境問題では現実への介入を慎重かつ速やかに行う必要がある場合が多い。慎重かつ速やかに、という条件を両立させるために本章では社会実験という手法の可能性を提示した。また、再エネの合意形成のような複雑な問題に対して社会実験が機能した事例を紹介した。社会調査を通じて人びとの利害関心を読み解き、これらを踏まえて受益と受苦の構造を把握し、環境社会学の多様な成果を駆使しながら利害構造を組み替えるといった介入が可能である。こうしたアプローチは再エネの社会的受容性という対象領域での研究のみならず、幅広く応用可能であろう。

もちろん具体的な技法については開発の余地がある。情報共有やコミュニケーション、あるいは意思決定や価値判断については、個々の事例での結果を検証し、体系的に集約することによって、さらに知見を重ねる必要があるだろう。こうした実験科学的な応用を意識することによって環境社会学の知見の応用範囲は広がるし、それに耐えうるだけの研究はすでに一定程度、蓄積されているのではないだろうか。

註

(1) 社会イノベーションの詳細については、エネルギー問題を事例として本講座第2巻第10章［丸山 2023］で論じた。

コラムC

「評価」を使って問題を解決する

――環境活動の「見える化」ツール

◆菊地直樹

なぜ「評価」なのか

環境問題は複数の要因が相互に影響し合って生じているため、何か一つの原因を取り除く対応では解決できない「やっかいな問題」である。やっかいな問題の「解決」とは、問題が起きても、多様な人びとが早期発見や適切な対応ができるという創造的な「学びのプロセス」を生み出すことである。学びのプロセスをつくり出す一つの手法として、活動プロセスの「評価」がある。自分たちの活動や事業がどのような効果を生んでいるのか、いないのか、今何を達成できていて、何が達成できていないのかという活動プロセスを見える形で評価する。そのことによって活動や事業を修正したり、次にすることを自分たちで学び合ったりする可能性が高まるからである。「学び」へとつながる評価の仕組みをつくることが重要である。ここでいう評価とは、自分たちで自分たちの活動について見直す「自己評価」のことである。

環境活動の「見える化」ツール

環境活動に取り組んでいて、なんとなく活動が停滞している、同じ活動をしていてもお互いの考え方がわからない、そもそも自分たちは何を目指しているのだろうか――。多くの事例にみられる曖昧でつかみどころがない悩みでもある。こうしたことを感じていたら、少し立ち止まって、「聞く」ことと「語る」ことから、お互いが学び合い、活動プロセスを見える形で評価することが必要ではないか。こんな素朴な疑問から生まれたのが環境活動の「見える化」ツールである。

表C-1 「自己診断」のワークシート　出所：筆者作成.

1-1	自分たちの活動理念を地域の関係者に説明していますか?
1-2	活動の目標は多様な関係者の参加によって創られましたか?
1-3	活動を地域再生につなげていますか?
人とネットワーク	
2-1	専門家の多様性を確保していますか?
2-2	活動に行政が積極的に参加していますか?
2-3	活動に企業が積極的に参加していますか?
2-4	活動にNPOが積極的に参加していますか?
2-5	活動に地域住民が積極的に参加していますか?
2-6	活動に生業関係者(漁業者や農業者など)が積極的に参加していますか?
2-7	活動への参加者の数は増えていますか?
2-8	関係者の連携・協働によって活動を進めていますか?
2-9	地域外との交流を積極的に進めていますか?
2-10	活動者の世代はバランスよく構成されていますか?
2-11	活動者の性別はバランスよく構成されていますか?
技術と行動	
3-1	活動にあたって技術的な試行錯誤をしていますか?
3-2	行政・自治体に提案をしていますか?
3-3	企業に提案をしていますか?
3-4	生業関係者に提案をしていますか?
3-5	小中高校生へ環境学習の機会を提供していますか?
3-6	多くの関係者を巻き込む取り組みを行っていますか?
3-7	情報の周知を積極的に行っていますか?
知識と評価	
4-1	科学的知識を活用していますか?
4-2	在来知(例えば漁師さんの知恵)を活用していますか?
4-3	自然からの恵みについて話していますか?
4-4	定期的に環境モニタリングを実施していますか?
4-5	勉強会・観察会を開催していますか?
資金と運営	
5-1	行政から財政的支援を得ていますか?
5-2	外部資金を得ていますか?
5-3	寄付・募金などを集めていますか?
5-4	話し合いによって意思決定していますか?

このツールは環境活動に関連する三〇の質問からなるワークシートを用いて、「自己診断」「全体共有」「話し合い」「ヒントの発見」の四つのプロセスを動かす（表C–1・図C–1）。「自己診断」は、ワークシートに従って「はい」「いいえ」で回答し、自分の考えを整理するプロセスである。ワークシートの項目を見るとわかるように、曖昧な質問文である。曖昧であるがゆえに、質問をめぐっていろいろな解釈が成り立つ。どう解釈したらいいのか悩みながら振り返る。結果として一人ひとりの考えを浮き彫りにできる。

名前　　　　　　　　　　　生年　　　　（　　　年生まれ）

立場

3-2	行政・自治体に提案していますか？	〔はい・いいえ・わからない〕
3-3	企業に提案をしていますか？	〔はい・いいえ・わからない〕
3-4	生業関係者に提案をしていますか？	〔はい・いいえ・わからない〕
3-5	小中高校生へ環境学習の機会を提供していますか？	〔はい・いいえ・わからない〕
3-6	多くの関係者を巻き込む取り組みを行っていますか？	〔はい・いいえ・わからない〕
3-7	情報の周知を積極的に行っていますか？	〔はい・いいえ・わからない〕

知識と評価

4-1	科学的知識を活用していますか？	〔はい・いいえ・わからない〕
4-2	在来知（たとえば漁師さんの知恵）を活用していますか？	〔はい・いいえ・わからない〕
4-3	自然からの恵みについて話をしていますか？	〔はい・いいえ・わからない〕
4-4	定期的に環境モニタリングを実施していますか？	〔はい・いいえ・わからない〕
4-5	勉強会・観察会を開催していますか？	〔はい・いいえ・わからない〕

資金と運営

5-1	行政から財政的支援を得ていますか？	〔はい・いいえ・わからない〕
5-2	外部資金を得ていますか？	〔はい・いいえ・わからない〕
5-3	寄付・募金などを集めていますか？	〔はい・いいえ・わからない〕
5-4	話し合いによって意思決定していますか？	〔はい・いいえ・わからない〕

［　話し合い　］
それぞれの回答の理由を
お互い聞き合って
理解を深めましょう。

STEP 4　わくわく

［　ヒントの発見　］
話し合いから、
次の活動へのヒントが
見つかるかもしれません。

図C-1　環境活動の「見える化」ツール

出所：筆者作成.

だから、「はい」「いいえ」という回答そのものは、さほど重要ではない。「全体共有」は、参加者の回答をプロジェクター等で表示して参加者同士で見比べるプロセスである。参加者同士の違いが見えてくる。ちょっとした驚きが生まれる。「話し合い」は、それぞれの回答の理由を聞き合い、理解を深めていくプロセスである。同じ「はい」でも理由がまったく異なることがある。理由を聞き合うことで、学びが生まれる。「ヒントの発見」は、聞き合いから次の活動へのヒントを見つけていくプロセスである。

ツールの実践例

佐渡島《さどがしま》加茂湖《かもこ》水系再生研究所で実施したワークショップの結果を簡単に紹介しよう。この研究所は、新潟県佐渡市にある加茂湖という汽水湖で牡蠣《かき》養殖を営む漁業者の声がきっかけとなり、民・官・学協働で加茂湖の再生を考えるために生まれた市民研究所である。ワークショップには活動を中心的に進めている六人が参加した。

質問：活動への参加者の数は増えていますか？

この質問は、客観的な事実を確認しているようにみえる。しかし、三人が「はい」、三人が「いいえ」と回答は分かれた。回答の「理由」もあわせて六人に話し合ってもらった。

A：「はい」と回答。ヨシ舟づくりの参加者が七〇名以上いた。以前より確実に増えていると感じている。

B：「いいえ」と回答。その理由は、鍵となるアクターである「漁業者」の参加がなかなか増えないから。

C：「いいえ」と回答。七〇名参加って言うけど、それが三〇〇、それ以上になっていくためにはどうしたらよいのか？　そこを考えなければいけないのではないか。

D：「いいえ」と回答。企画をするコアメンバーの数が増えていないので、そのように回答した。

E：「はい」と回答。意識していなくても、加茂湖の資源循環に参加している人は確実に増えているのではないか。

B：たしかに加茂湖で遊ぶ子どもは増えたといえるかもしれない。

C：でも、継続的に遊んでいるわけではない。一時的な関わりにとどまっている。

F：「はい」と回答。子どもの遊び場づくりもやろうとしてきた。これからじゃないのか。

「はい」と「いいえ」に分かれたことは、「参加」や「増えている」の意味について解釈が分かれていることを示している。回答理由を聞き合うことで、解釈の違いを顕在化させ、議論を深め、改めて参加の意味を問い、発展させていくきっかけとなる。お互いの理由を聞き合い、学び合うことが重要なのである。

効　果

このツールの効果は、第一に、現状についての解釈の違いの「見える化」である。人は、自らの人生経験や立場から問題を解釈するため、同じ問題に取り組んでいても意見が異なる。このツールは、意見の理由を聞く／語ることにより、同じに見えていた意見が実は違う理由に基づいていた、あるいは違う意見が同じ理由に基づいていたといったことを見えるようにする。

第二に、なぜ違いが生じているのか、相手を理解しようという対話が自然と促される。多様な意見の存在を承認し、対話を促す。

第三に、概念や価値の考察が展開するため、活動の課題を掘り下げる。例えば、「参加」「多様性」といった概念を掘り下げることにより、その意味の理解が深まり、共有が促される。そして、活動のヒントを見つけることをサポートする。

環境社会学の社会技術化

環境活動に自己評価を組み込むことにより、現場で問題になっていることを発見したり共有したり、異なった人たちと協働したり、次に進むべき方向性を見つけたりする可能性を高めることができる。こうした学びのプロセスを動かすことにより、「やっかいな問題」に対処する能力形成をサポートする。

環境社会学は、社会の中のさまざまな声に耳を傾け、対話しながらともに考えていくプロセスを重視してきた[宮内 2016: 41]。このツールは、「聞く」という環境社会学の手法[菊地 2008: 97]を「社会技術」（社会問題を解決し、社会を円滑に運営するための広い意味での技術）[堀井 2012: iv]に変換したものである。

コラムD

環境社会学の知見を政策の現場に生かす

◆嘉田由紀子

私は一九八〇年代から二十数年間、環境社会学者としてのキャリアを重ねた後、二〇〇六年に滋賀県知事として「政治」の世界に転身した。そのキャリアを踏まえて、環境社会学の知識が政治の現場での問題解決に使えること、逆に環境社会学の知識を生かすためには「政治」を使いこなす意識や戦略が一つの回路になりうることを提案したい。

一九八一年の春、大学院を修了した私は、設立準備中だった滋賀県琵琶湖研究所の研究員として採用された。翌年発足した研究所には、生態学や水質化学等に加えて文理連携を目指した社会人文系研究領域がつくられた。そこではまず、研究者の哲学や立場のあり方、いわゆるパラダイム論が基本議論となった。私たちはそのなかで、社会学から琵琶湖と人びとの関わりを「当該社会に生活する居住者の立場」で地域環境分析を行う「生活環境主義」という基本哲学を明示した［鳥越・嘉田編 1984；鳥越編 1989］。当時、環境問題へのアプローチは、水質汚濁には下水道を建設するという近代工学理論に根差した「近代技術主義」と、「開発でヨシ帯を壊すことに反対」という生態学に根差した「自然環境保全主義」が二つの主流の基本哲学だった。そこに第三の基本哲学（分析の枠組み）としての「生活環境主義」を提示したが、「視野が狭く」「のんきな予定調和」という批判もいただいた。

たしかに当時の環境問題は、四大公害病の水俣病のように、加害企業による毒物（有機水銀）汚染で命まで失う激甚な公害問題は解決されていなかった。被害構造の研究や加害企業の法的責任などが大きな議論となっていた。同時に一九八〇年代には、生活排水や農業排水が水域を汚染するという「生活環境問題」がすでに日本各地に広がっていた。普通に生活することが加害者になってしまう。一九七九年には滋賀県が「富栄養化防止条例」という日本で初の湖沼水質を栄養分濃度で規制する条例を発足させていた。もともと毒物ではない生物の生息に必須な栄養分の「特定の基準」を超えた排出について行政が規制することは「憲法違反」とまで批判されたが、結果的にはその後、日本中に広まる条例となった。

しかし同時に、地域で暮らす生活者の立場でみると、「琵琶湖が汚い」という一方的な伝聞情報ばかりが広がり、自分たちの目の前の水路や河川、琵琶湖への関心が薄くなっていた。本来当事者であるべき住民自身でさえ、自分たちの身近な環境の評価を専門家や行政に預けすぎていることがわかった。そこで「身近な環境の自分化」を目指して、ホタルの生息調査（ホタルダス）や水道が入る前の生活用水調査（水環境カルテ）を地域住民とともに行った［水と文化研究会編 2000］。そのような住民活動と並行して、科学的な生態系の構造など、まさに文理連携で琵琶湖を学ぶ場として一九八〇年代に提案したのが滋賀県立琵琶湖博物館（一九九六年開館）であり、環境社会学の研究成果はこの博物館の企画にも存分に生かされた。住民目線での博物館展示は、当時の滋賀県政の中でも前向きに歓迎された。同時に、研究成果を滋賀県の環境政策に生かすために、県から学芸員役割の職員を「河川」「農業土木」など五分野で出向してもらった。佐藤哲が分析する政策実装＝「トランスディシプリナリー」な統合的知識［佐藤 2016］を県政策につなぐための種蒔きでもあった。

一方、一九九七年に琵琶湖政策の法的基盤である河川法が改正され、「治水」「利水」に「環境保全」と「住民参加」が位置づけられ、二〇〇一年から淀川水系流域委員会が組織化された。四〇〇回近くの会議と現場調査の結果、明治河川法以来の治水原理であった「連続堤防とダムにより洪水を河川に閉じ込める」近代技術主義的な政策に対して、河川からあふれることを受忍し、生態系や河川の流れを阻害するダムは極力回避してそれでも命だけは失わない「流域治水の方針」が提示された。流域治水政策こそ「生活環境主義」的視野が政策に生かされた象徴でもある。滋賀県内だけでなく琵琶湖淀川水系の明治時代以降の水害被災地調査を行い、かつては土地利用や建物の配慮や避難体制の徹底で洪水により人が死ぬ被害を抑えていた「伝統知」を掘り起こし、流域治水の方針づくりに貢献した。二〇〇五年七月に流域委員会はダムに頼らない治水として滋賀県内のダムの凍結・中止を訴え、同時に流域治水政策を提案した。しかし、当時の現職知事は即座に「ダム推進」の方針を国に伝え、国もそれに応えようとした。

この経過をみて、学者である限りどんなに精緻な議論を重ねてもダム一つ止められないという無力感から、「やむにやまれず」二〇〇六年七月の知事選挙に挑戦した。約五〇項目のマニフェスト政策を実践するなかで、環境社会学研究は現場の環境問題の改善や解決に大きな実践力があることがわかった［嘉田 2012, 2018］。例えば「ダムだけに頼らない流域治水政策」では、ダム建設を求める地元からの知事への団体陳情は大変強かった。しかし、その陳情団の中には昔から私が知る人たちがいて、後で本音を聞くと、「ダムは大金がかかるし環境にもよくない。堤防や河川改修で自分は十分だと思う」と答えた。このような人がかなり多かった。そこで思い切ってダム建設中止を決定し、伝統知を生かす「流域治水条例」を日本で初めて二〇一四年に制定した。知事として条例を実現する段階で、住民とともに長年培ってきた環境社会学的な知と人間的な信頼関係が、いかに支えになったかをご理解いただけるであろうか。「流域治水」こそ、現場調査の中から導き出してきた住民の「生活知・伝統知」の成り立ちの構造解明を行い、そこで表明された価値観に寄り添いながら、環境正義実現のために政治問題化したテーマである。二〇二一年になって国も「流域治水」を採用、法案化し、その方向にようやく動き出している［嘉田編 2021］。

環境社会学の理論が、知事としての政策判断だけでなく、より幅広い公論形成の文脈でも力を発揮しうることを実感したのは、福島第一原発事故後、福井県の若狭湾《わかさわん》沿岸における原発事故のリスク問題に対応したときであった。事故を想定して水質汚濁シミュレーションを実施、公表するとき、舩橋晴俊らの「受益圏・受苦圏理論」［舩橋ほか 1985］から、若狭湾沿岸における原発事故は琵琶湖水を飲料水として使う近畿圏一四五〇万人も被害者になりうると、

「受益・受苦重なり型」の仕組みを繰り返し解説した。その結果、近畿圏全域での知事らが構成する関西広域連合の政治家が動いただけでなく、同時に近畿圏での市民活動家などが、「電源の代わりはあるけれど琵琶湖の代わりはない」という表現などを頻繁に活用し、若狭と琵琶湖を重ねての運動が広がっていった。

以上はほんの一例であるが、環境社会学を学んだ学者が、政治の世界へ思い切って挑戦することで、現場の問題解決に大きな力を発揮する余地は十分にある。環境社会学を学ぶ若い世代の方々には、「政治」が政策実現のための一つの重要な回路であることも理解し、挑戦していただけたらと願う。

III

問題解決のための場をつくる

第8章

ミニ・パブリックスで公論形成の場をつくる

気候市民会議の試みから

三上直之

1 公共圏を通じた問題解決

解こうとすればするほどもつれていく問題を、そもそも「解決」とは何かと問いかけながらほぐしつつ、試行錯誤するプロセスの中に「解決」がある。その過程では、何が「問題」であるかということも、絶えず問い直され、とらえ直される。環境社会学において構想される問題解決とは、あらかじめ定式化された方法に沿ったスマートな問題の処理や、そのための方法の案出などとは対極にある、至って泥臭い営みである。

こうした試行錯誤を、現実の問題に即して立場の異なる人びとがともに行うには、どうすればよいだろうか。環境社会学の研究・実践の多くが、この問いをめぐって展開されてきたといっても過言ではない。そして、その際の有力な指針の一つとされてきたのが、公共圏を通じた解決という考え方である。

多くの人に関わる公共的、社会的な問題について、人びとが自由に議論する開放的な討論の場を、「公論形成の場」という［舩橋 1998, 2013］。実社会には、個別の社会問題や政策的課題、またそれらの問題・課題群を包括する分野ごとに、多数の公論形成の場が存在しうる。これら個別の公論形成の場の総体が「公共圏」である。多様で質の高い公論形成の場が数多く存在すれば公共圏は豊かになるし、そうした場が貧弱な社会では公共圏を通じた問題解決の可能性は狭まる。

ここで今、議論や討論と述べているのは、意見交換や話し合い一般を漠然と指しているのではない。公共圏の概念を最も先駆的、体系的に論じた、ドイツの哲学者・社会学者、ユルゲン・ハーバーマスによれば、公共圏を特徴づけるのは「討議」である。それは、誰もが参加でき、すべての参加者がどんな発言も自由に行う機会が平等に保障され、そのような参加や発言の権利を外的な抑圧にさらされることなく行使できる場における主張やその理由のやりとりと検討をいう［Habermas 1983＝2000: 143］。

もちろん、この原則はいわば討議の理想を示したものであり、現実の公論形成の場における意見交換や話し合いが、いつでもこれに当てはまるわけではない。けれども、こうした自由な議論があってこそ、社会で生まれるさまざまな問題が感知・同定され、説得力や影響力のある形で議論の対象として提示されうる。そのような「意見についてのコミュニケイションのためのネットワーク」［Habermas 1992＝2002–2003: 下90］として、「市民の投票行動や議会・政府・裁判所での意思形成へ影響を及ぼす潜在的な政治的影響力」［Habermas 1992＝2002–2003：下93］を発揮するのが、公共圏である。それは政府や議会のように、強制力のある形で問題解決を行う制度・組織ではない。舩橋晴俊の表現では、政府や議会、裁判所などの「制御中枢圏」を取り巻いて、問題解決のための圧力をかける存在である［舩橋 2013］。

公共圏を構成する討議の場は、人びとによる自発的な集会やNPO・NGOなどの組織、インターネット上のものも含めた多種多様なメディアなど、さまざまな形態をとりうる。本書の他の章を注意深く読むなら、そこで取り上げられている問題解決のプロセスの中に、こうした討議の場をつくり出そうとする試みを数多く見いだすことができるだろう。

公論形成の場を創出するアプローチの中で、本章が注目するのは「ミニ・パブリックス」である。ミニ・パブリックスというのは、一般から無作為抽出などの方法で社会全体の縮図を構成するように集まった人びとが、社会的争点となっている問題や、政策的な取り組みが求められる課題について議論し、その結果を政策決定などに用いる市民会議の方法である［篠原編 2012; OECD Open Government Unit 2020＝2023］。具体的には、参加者数や日程、結果の取りまとめ方などが異なる複数の手法がある。これらの諸手法は、一九七〇～八〇年代に欧米で別々の文脈で用いられ始め、とくに九〇年代以降、日本を含む世界各地に広がった。それらが、人びとによる話し合いに力点を置いた民主主義のとらえ方である「熟議民主主義」を具現化する試みとして注目され、「ミニ・パブリックス」と総称されるようになったのは、二〇〇〇年代である。

日本でも、東日本大震災と福島第一原発事故の翌二〇一二年の八月に、旧民主党政権が、エネルギー・環境戦略立て直しの「国民的議論」の一環として、ミニ・パブリックスの代表的な手法の一つである「討論型世論調査」を用いて、全国から無作為抽出で二八五人の参加者を集めて二日間にわたる討論会を開いた［曽根ほか 2013; 柳瀬 2015］。その結論は、当時の政権が策定した「二〇三〇年代原発稼働ゼロ」のエネルギー戦略に直接的に結びついた。また北海道では、二〇〇六～二〇〇七年、遺伝子組み換え作物の栽培を規制する条例の見直しをめぐって、道が、北海道全体の縮図となる一五人の道民を集めた「コンセンサス会議」を開き、検討の参考にした例もある［渡辺 2007］。筆者はいずれの事例にも実践家として関与しつつ、研究対象として分析・考察も加えた［Mikami 2015; 三上 2007］。これらは、政府や自治体が公式に主催した討議の場であるが、「制御中枢圏」ないしは「政治システム」の外側にそれと隣接する形で「公論形成の場」を創出し、そこでの議論を政策決定に活用しようとした、日本における主要な事例といえる。

こうした経験も踏まえつつ、本章では、ミニ・パブリックスという方法を、公論形成の場と公共圏の充実を通じた複雑な問題の解決にどのように生かしうるのかについて、「気候市民会議」という新たな応用例を取り上げて具体的に考えたい。それは、ミニ・パブリックスを、本書の他の章に登場するさまざまな技法と並んで、環境社会学の実践のツールとして位置づける試みである。

2 「気候市民会議」とその意義

二〇一九年以降、「気候市民会議」と呼ばれる会議が、欧州の国や自治体などで相次いで開かれ始めた［三上 2020, 2022a, 2022b］。これは、一般から無作為抽出（くじ引き）で選ばれた参加者が気候変動対策を議論し、その結果を国や自治体の政策に活用する会議である。参加者は数十人から一五〇人程度、期間としては数週間から数か月をかけて徹底的に話し合い、最後に投票などで結果をまとめる。ミニ・パブリックスを気候変動対策に本格的に応用したものといえる。フランスや英国では二〇一九年から二〇二〇年にかけて政府や議会が全国規模の気候市民会議を公式に開催し、その結果が新たな立法につながったり、議会での審議で取り上げられたりするなど、政策決定に活用されている。

こうした動きの背景には、二〇一五年の国連気候変動枠組条約締約国会議（COP21）でパリ協定が採択され、気候変動対策が新たな段階に入ったことがある。パリ協定を契機として、世界全体の平均気温の上昇を摂氏一・五度以下に抑えるため、二一世紀半ばをめどに温室効果ガスの排出を世界全体で実質ゼロとすることが、国際的な目標として共有され、世界の国々や自治体は、各々、域内での温室効果ガスの排出を実質ゼロとする長期目標を掲げるようになった。日本政府も二〇二〇年に、二〇五〇年までに排出実質ゼロを目指すことを宣言し、二〇二一年には、二〇三〇年までに温室効果ガスの排出を四六％削減（二〇一三年比）する目標を掲げた。自治体レベルでも、排出実質ゼロを目指す「ゼロカーボンシティ」を表明する動きが広がった。

温室効果ガスの大半は、化石燃料の使用に伴って排出される二酸化炭素である。産業や業務、家庭、輸送など、あらゆる分野で省エネを徹底するとともに、使われるエネルギーを再生可能エネルギーなどに置き換えることが対策の中心となる。「問題」は一見、技術的なレベルに還元しやすいものであるようにも思えるが、実際にはそうではない。例えば、大規模な太陽光発電施設が景観の悪化や森林伐採、土砂災害などの影響を引き起こしたり、風力発電が景観や騒音、野鳥への被害などの問題で反対を受けたりしている現状からも明らかなように、再生可能エネルギーの拡大にあたってもクリアしなければならない「やっかいな問題」が数多く存在する［丸山・西城戸編 2022］。

最終的に排出実質ゼロを達成する必要がある以上、経済や社会活動のあり方、私たちのライフスタイルのあらゆる側面で、大きな変化を起こさざるをえない。ただ、そうした「脱炭素社会」への転換を、具体的にどのような方法で、どのようなスピードで進めていくかについては、さまざまな選択肢が存在し、その道筋について欧州でも日本でも明確な社会的合意は存在しない状況である。

二〇一八年に当時一五歳だったスウェーデンのグレタ・トゥーンベリさんが一人で始めた「気候のための学校ストライキ」を発端として、翌二〇一九年にかけて、気候正義の観点から迅速な対策を求める若者たちによる「未来のための金曜日（Fridays For Future）」の運動が世界中に広がった。他方、二〇一八年秋にフランスで燃料税の引き上げへの反発から全国規模で起こった抗議活動「黄色いベスト運動」は、気候変動対策が生活に大きな負担を強いるという懸念が欧州でも根強いことを示した。フランスではこの動きが、マクロン政権が全国規模での気候市民会議を開催するきっかけとなった。

それぞれの国や地域で、社会的に公正な形で排出実質ゼロに向けた転換を図っていくために、いかにして広範な社会的合意を形成するかが課題となるなか、そのための一つの有力な方法として登場したのが、気候市民会議であった。そこで期待されたのは、くじ引きという仕掛けを用いることにより、潜在的な関心・関係があるものの、「問題」やその「解決」から遠ざけられてきた人びとの参加を促すことである。それは、脱炭素社会への転換という、切迫しているが単純な正解が存在しない「やっかいな問題」について、新たな公論形成の場を創出し、公共圏を通じた解決の可能性を広げようとする試みである。

3 「気候市民会議さっぽろ2020」

二〇一九年頃からの欧州での動きを受け、筆者らのグループでは、気候市民会議を日本でも活用する可能性を追求したいという問題意識から、科学研究費補助金[1]（科研費）の支援を受けて新たな研究プロジェクトを始め、その一環として、実際に参加者を集めて日本で初めての気候市民会議を試行することにした。環境社会学の研究者であり、参加型手法の実践にも取り組んできた筆者が代表を務めたこのプロジェクトは、環境社会学の実践として、ミニ・パブリックスを活用して新たな問題解決の方法を探る試みでもあった。

「気候市民会議さっぽろ2020」と題したこの会議は、筆者ら研究プロジェクトのメンバーが実行委員会を組織し、札幌市および北海道環境財団とRCE北海道道央圏協議会という二つの民間団体の協力を得て、企画運営した［気候市民会議さっぽろ2020実行委員会 2021］。図8−1に示したとおり、住民基本台帳から無作為抽出した三〇〇〇人に案内状を送り、応募者の中から年代・性別のバランスを考慮しながら抽選によって二〇人の参加者を選出した。この参加者がオンラインで集まり、専門家や市役所の担当者の情報提供も受けつつ、「札幌は、脱炭素社会への転換をどのように実現すべきか」をテーマとして、二〇二〇年一一～一二月の四度の日曜日に議論した。

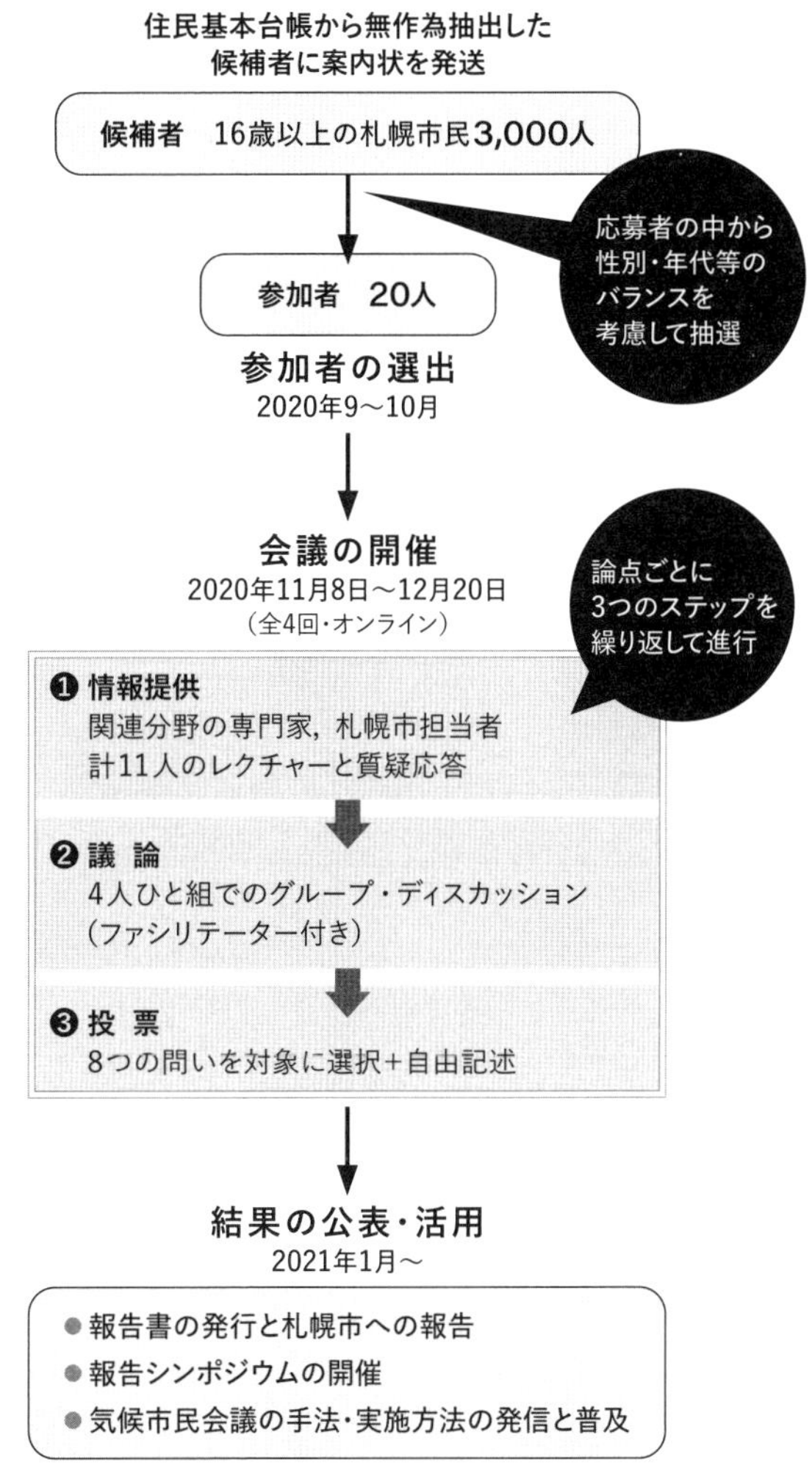

住民基本台帳から無作為抽出した
候補者に案内状を発送
候補者　16歳以上の札幌市民3,000人
応募者の中から
性別・年代等の
バランスを
考慮して抽選
参加者　20人
参加者の選出
2020年9～10月
会議の開催
2020年11月8日～12月20日
（全4回・オンライン）
論点ごとに
3つのステップを
繰り返して進行
❶ 情報提供
関連分野の専門家，札幌市担当者
計11人のレクチャーと質疑応答
❷ 議 論
4人ひと組でのグループ・ディスカッション
（ファシリテーター付き）
❸ 投 票
8つの問いを対象に選択＋自由記述
結果の公表・活用
2021年1月～
● 報告書の発行と札幌市への報告
● 報告シンポジウムの開催
● 気候市民会議の手法・実施方法の発信と普及

図8-1　気候市民会議さっぽろ2020の流れ

出所：気候市民会議さっぽろ2020実行委員会［2021: 10］をもとに筆者作成.

会議の結果は投票で取りまとめ、後日、分析を加えた報告書として公表し、札幌市の気候変動対策に活用できるよう、市にも正式に届けた。

以下では、この事例について詳細を記述しつつ、ミニ・パブリックスの活用がいかに問題解決をめぐる試行錯誤のプロセスを促し、公論形成の場の充実につながりうるかを考えてみたい。

札幌での気候市民会議の試行には、二つの大きな目的があった。[2] 第一は、実際に気候市民会議を開いて、その過程や結果を広く発信することにより、今後、日本でこの方法を活用するうえで参考になる一つの事例を形成することである。プロジェクトの発端からいって、これが、この気候市民会議の最も中心となるねらいだった。

とはいえ、多数の関係者を巻き込んで実施する市民会議が、手法の実証に終始し、地域の問題解決に積極的に寄与できないとすれば、それは本末転倒な話である。そこで第二の目的として、議論の結果を札幌の気候変動対策に生かすことも、前述の目的と並行して目指すことにした。まずは、主にこの第二の目的の視点から、札幌での気候市民会議の企画運営プロセスをたどってみたい。

会議全体のテーマとして掲げた「札幌は、脱炭素社会への転換をどのように実現すべきか」は、間違いなく、地域にとっての「問題」を直接的に表現している。ただ、くじ引きで集まった参加者がそのまま話し合う議題としては、抽象的で大きすぎる。もう少し論点を絞り込む必要がある。とくにこの会議は、新型コロナウイルスのパンデミックのため、すべてをオンラインで実施せざるをえず、議論の時間も限られていた。参加者にも議論しやすい形で、あらかじめ論点を定式化しておく必要性は明白だった。また、ミニ・パブリックスでは通常、議題に関する基礎的な情報を専門家によるレクチャーなどの形で学習したうえで、参加者同士の議論に進む。こうした情報提供の項目のリストアップや専門家の人選も、会議に先立って行っておく必要があった。

これらを私たち実行委員会の独断ではなく、社会的に妥当な形で行わなければならない。環境や経済、社会の各分野に詳しい道内の専門家一一人にアドバイザーを依頼して助言を求めるとともに、札幌で気候変動の問題について活動する若者にもインタビューを行うなどして、各方面から意見を聞きながら検討を進めた。

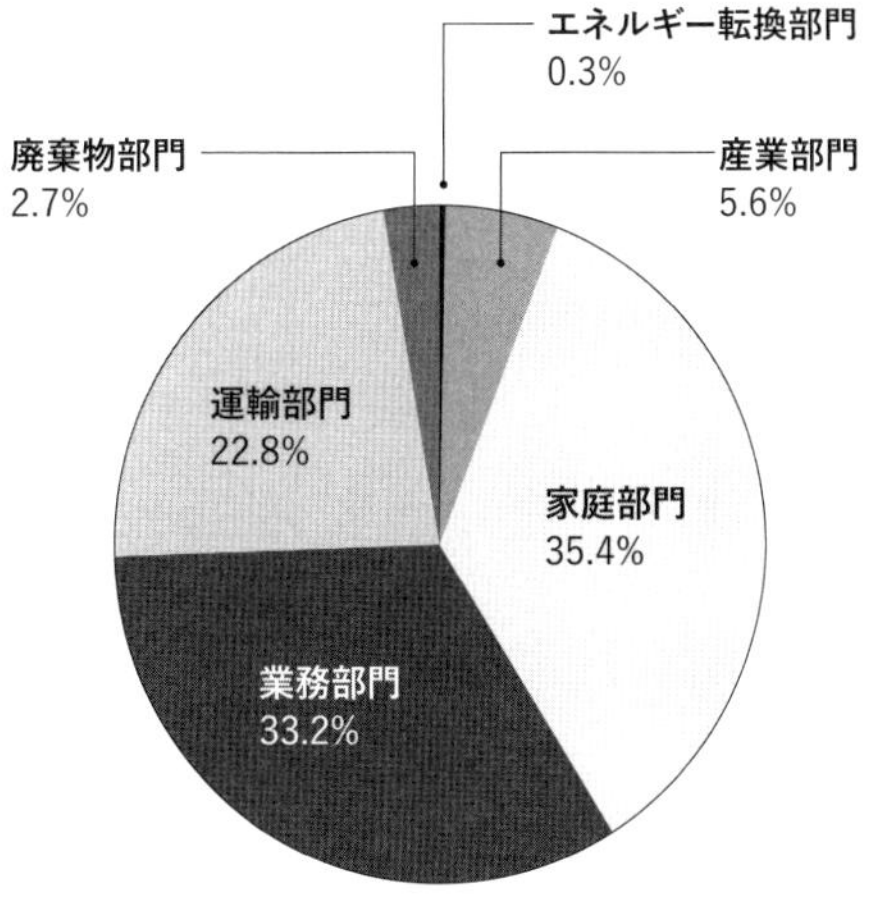

図8-2　札幌市における
二酸化炭素排出量の部門別内訳（2018年度確定値）
出所：札幌市［2022: 3］をもとに筆者作成.

私たち運営側にとって好都合だったのは、このとき札幌市では、気候変動対策の新しい行動計画の検討が前年度から続けられており、素案がまとまりつつあったことである。二〇二〇年七月に公表された素案には、二〇三〇年までの約一〇年間の目標（温室効果ガス排出量を二〇一六年比で五五％削減）とその達成に向けた施策が掲げられた。その施策とは「徹底した省エネルギー対策」「再生可能エネルギーの導入拡大」「移動の脱炭素化」「徹底した資源循環」「ライフスタイルの変革・技術革新」の五つである。

この素案を参考にして実行委員会で議論し、「省エネルギーや再生可能エネルギーの導入拡大をどのように進めるべきか」、「交通手段の脱炭素化や、脱炭素型のライフスタイル、ワークスタイルへの転換をどのように促すべきか」という二点を、気候市民会議の主な論点に据える方針が固まった。市で検討している行動計画の素案そのものを会議本番での議論の素材としたわけではないが、素案の骨格を手がかりに、あらかじめ議論のポイントを絞り込むことができた。ちなみに、札幌市内での二酸化炭素の主な排出源は、家庭(二〇一八年度三五・四%)、オフィスビルや商業施設などの業務(同三三・二%)、自動車などの運輸(同二二・八%)の三部門である(図8-2)。二つの論点はこれに対応したものでもあった。

4 気候市民会議が誘発する試行錯誤

ここまでの話は、比較的シンプルに進んだ。しかし、アドバイザーらの意見も聞きつつ実行委員会でさらに準備を進めていくと、扱いの難しい問題がいろいろと現れてきた。

例えば、再生可能エネルギーの導入拡大は、電源構成を含めたエネルギー需給の将来見通しと切り離しては議論できない。従来も市の計画では、長期的には化石燃料や原子力に頼らず、再生可能エネルギーで市内の需要を賄うビジョンが描かれてきた。ただ、この会議を開いた二〇二〇年時点での日本政府の見通しでは、二〇三〇年時点での日本全体の電源構成は火力が五六%に対して、再エネは二二〜二四%にとどまり、原子力も二〇〜二二%に伸ばすという内容だった。原子力や化石燃料への依存から、どの程度徹底して、どれくらいのテンポで脱却しようとするのかについては、参加者の間でも意見が分かれるはずである。市の政策を中心に、市内での温室効果ガス排出削減の方策を話し合う会議の中で、国全体のエネルギー政策を意味のある形で主要な論点とすることは難しいが、かといって、参加者の間に存在しうる基本的な意見の違いを素通りしてバランスのとれた議論をすることはできない。

実行委員会で一か月以上にわたって検討を重ねた結果、電源構成を含むエネルギー需給の将来見通しについては直接議論の対象としないものの、再生可能エネルギーの位置づけについては、三人の専門家を招いて異なる角度から情報提供を行うことにした。再生可能エネルギーの専門家に再エネ一〇〇%で需要を賄う可能性について話してもらう一方、他二人の専門家には再エネ開発に伴う自然環境への影響や、経済面や電力システム上のリスクなどについて解説してもらった。そのうえで参加者には、「札幌において、再生可能エネルギーの導入量を増やしていくためには、誰の、どのような取り組みがとくに重要でしょうか」との問いを提示し、各家庭や企業、電力会社が再エネの比率を高めるとか、市や市民自らが出資して再エネ事業に取り組むといった選択肢を例示して議論してもらった。

もう一つの論点で取り上げる移動(運輸)の分野での排出削減をめぐっても、問題の複雑さが顔を覗かせていた。移動を脱炭素化するには、電気自動車など二酸化炭素を排出しない車に切り替

表8-1 「気候市民会議さっぽろ2020」の議題

テーマ：札幌は，脱炭素社会への転換をどのように実現すべきか？

論点	内容
【論点1】 脱炭素社会の将来像	温室効果ガス排出実質ゼロを実現した札幌は，具体的にどのような姿に生まれ変わっているべきか？ どのような方針やスピードで，何を大事にしつつ，その変化を実現していくべきか？
【論点2】 変革の道のり① エネルギー	住宅や事業所でのエネルギー利用による排出をゼロにするため，省エネルギーや，再生可能エネルギーの導入拡大などの対策を，どのように進めるべきか？
【論点3】 変革の道のり② 移動と都市づくり， ライフスタイル	交通手段のゼロエミッション化や，脱炭素型の都市づくりなどの対策を，どのように進めるべきか？ 脱炭素型のライフスタイル，ワークスタイルへの転換を促すため，どのような仕組みや取り組みが必要か？

出所：気候市民会議さっぽろ2020実行委員会［2021: 18–20］をもとに筆者作成.

える以外に、自動車の利用を抑制したり、移動そのものを回避したり減らしたりするといった方策がありうる。どれか一つを選ぶという話ではなく、これらをどのように組み合わせるかによって対策のあり方が決まるという意味で、自動車交通を中心とした既存の移動や都市の姿を維持する前提で考えるのか、それともそれを大きく転換する可能性も含めて考えるのか、という根本的な問題に関わってくる。

こうした問いを参加者に投げかけ、限られた時間で議論してもらうにはどのような議題設定が適当なのか。関係者と議論しながら試行錯誤を重ねた結果、①電気自動車など二酸化炭素を排出しない自動車の普及促進、②自動車利用の抑制と、公共交通や自転車など排出の少ない手段への転換、③移動や輸送自体を減らす暮らし方・働き方や、効率的でコンパクトな都市づくりの推進の三つの選択肢を並列的に明示し、札幌においてはどのような優先順位で取り組むべきかを議論し、投票してもらうことにした。

以上のような検討を通じて、家庭や業務、移動など個別分野での排出削減の進め方を参加者が十分に話し合うためには、脱炭素社会への転換を実現したまちの将来像がどのようなものであるべきかについても、議論のテーブルに載せる必要があることがみえてきた。そこで、先に挙げた二つの論点に加え、「排出実質ゼロを実現した札幌は、具体的にどのような姿に生まれ変わっているべきか」という論点も設け、三つの論点で議論を行うことにした（表8–1）。

一か月半、計四回にわたる会議（写真8–1）では、初めは専門家や市の担当者から提供される情報量の多さに圧倒された参加者も多かったようである。しかし、四人ひと組に分かれて、進行役のファシリテーターの支援を受けてのディスカッションでは、対策の各論や、脱炭素社会を実現したまちの将来像について活発に意見交換が行われた。将来像をめぐる議論では、参加者の意見に基づいて四〇項目のビジョン要素がまとまり、最終的に投票にかけられた。

写真8-1　オンラインでの議論の様子（2020年12月20日）
撮影：気候市民会議さっぽろ2020実行委員会

投票の結果、脱炭素社会を実現した札幌の将来像としては、住宅の断熱性能向上、学校での環境教育の充実、蓄電池の普及と災害に強いまち、自然環境の豊かさ、二酸化炭素を排出する車への条例による規制などが、大多数の参加者が共通して強く実現を望んでいる事柄であることがわかった。他方で、「経済社会システムの改革」や、「自家用車の利用削減と脱マイカー社会」「自転車の利用（が近距離移動の主流に）」などについては、強く支持する意見がある一方で、反対の意見もみられ、意見が分かれることが示された。電気自動車などの普及促進と、交通手段の転換、移動・輸送自体の削減という三つの選択肢を掲げて優先順位を議論した論点でも、参加者の意見は分かれる結果となった。

実行委員会では、会議終了後すぐに結果を分析した速報版の報告書をまとめて公表し、札幌市にも届けた。会議結果は、市の気候変動対策行動計画の策定の最終段階で参照され、計画案の文言に一部、修正が加えられる形で活用された。議論の結果を札幌での取り組みに生かすという会議の目的に照らして、一定の成果が得られたといえよう。

ただ、公共圏を通じた問題解決という観点からは、直近の計画や政策に生かしやすい形で優先事項が示されたこと以上に、まちの将来像をめぐる潜在的な対立点が浮き彫りになり、市民や行政、事業者の間でさらに議論を重ねるべきテーマが明るみに出た点こそ強調されるべきであろう［田村 2021］。地域における脱炭素社会への転換というテーマに関して、ミニ・パブリックス（気候市民会議）を活用することで、脱炭素化の進め方やまちの将来像をめぐる意見の対立をはじめとした問題の複雑な様相をあぶり出し、試行錯誤を通じてそれらに向き合う契機を生み出す可能性を示す結果となった。

5 実践例の形成とその発信・共有

ところで、札幌での気候市民会議の第一の目的は、実際に気候市民会議を開き、その過程や結果を広く発信することにより、日本社会でこの方法を活用するうえでの参考となる事例を形成する点にあった。これについては、前節でみたような企画運営の過程を、ウェブサイトやソーシャル・メディア、プレスリリースなどを通じて準備の段階からリアルタイムで公開した。会議終了後には、先述のとおり速報版の報告書を公開して札幌市に届けるとともに、その二か月後には、運営プロセスの詳細や自己評価も盛り込んだ最終報告書〔気候市民会議さっぽろ2020実行委員会2021〕も発行した。こうして気候市民会議を実践しようとする人たちに対して、この手法の具体的な運用例を提示することに努めた。

会議の運営には、必ずしもうまくいかなかった部分もあった。例えば、参加者募集は、札幌市の住民基本台帳から無作為抽出した三〇〇〇人に、日程や謝礼などの条件を記した案内状を送るという形で行うことができたが、三〇人の定員に対して応募者が想定を大きく下回ってしまった。市全体の縮図となるよう年代・性別のバランスを取るため、応募者からの抽選を行う段階で、参加者を二〇人に減らす対応をとらざるをえなかった。当初、抽選に際して、年代・性別以外に考慮する予定だった、学歴や気候変動問題への関心の多寡などのバランスは、応募者が限られていたため加味することができなかった。

参加者募集に苦戦した主な原因は、それまでほとんど例のなかったオンラインでの市民会議に参加することへの不安を抱く人が多い一方、四回にわたる会議のすべてに予定を合わせられる人が少なかったことにあったと推測される。これは気候市民会議に限らない話だが、オンラインによる市民会議を広く活用していくには、参加者への支援や、日程設定上の工夫が求められることを示す結果となった。札幌での気候市民会議は、こうした失敗や不具合、そこから得られた示唆もそのつど、開示しながらの試行となった。

こうして会議の準備を本格的にスタートさせた二〇二〇年春から約一年間、実践とその検証、発信を並行して進めていった結果、気候市民会議というアプローチへの関心が国内の各方面から寄せられることになった。会議終了後、二〇二一年三月に筆者らがオンラインで主催した報告シンポジウムには、一〇〇人を超す参加者が集まった。その他、自治体や環境政策の関係者などが集まるセミナーや講演会などに招かれ、札幌での気候市民会議の試行について報告する機会を多数得た。

関心の広がりに拍車をかけたのが、マスメディアの報道である。準備段階からの情報発信が功を奏して、全国紙やNHKラジオの全国放送など全国版のメディアも含めて、会議開催前から終了後の二〇二一年夏にかけて、二〇回以上、さまざまな切り口での紹介があった。気候変動対策について、これまで議論に参加する機会の乏しかった一般の参加者が、社会の縮図をつくる形で集まって議論し、その結果を自治体の政策決定などに用いるという方法に、これまでにない可能性を感じる人たちが多くいることを実感する反応であった。

二〇二一年には神奈川県川崎市で、市内の有権者から七五人を無作為に選出して集めた気候市民会議が、同市の地球温暖化防止活動推進センターや研究者グループが主導して、五か月間にわたって開かれた。二〇二二年度には、東京都武蔵野市や埼玉県所沢市で、自治体が公式に無作為抽出型の気候市民会議を開き、議論の内容や結論を市の気候変動対策に活用する動きも生まれた。さらに二〇二三年度には、首都圏を中心に少なくとも一〇地域で新たに気候市民会議が行われた。こうした取り組みの多くで、札幌での気候市民会議の試行の経験が参照されている。気候市民会議の方法を日本で活用するための参照事例の形成という会議の第一の目的も、試行錯誤のプロセスも含めて会議の企画運営をリアルタイムで言語化し、発信することにより達成されたのであった。

6 事例から得られた知見とさらなる課題

この小さな事例から、公共圏を通じた問題解決という指針について、どのような知見が得られたといえるだろうか。ここでは二つの側面に絞って考察してみたい。

まず確認できるのは、気候市民会議、より一般的にいえばミニ・パブリックスが、環境社会学の構想する「問題解決」の実践に寄与する可能性についてである。一見すると技術的な解法に則って「解決」の方法が導かれうるようにも思われる、地域における脱炭素化という目標は、実のところ、いかなるまち、いかなる社会をつくっていくべきかという長期的なビジョンをめぐる対立を伏在させている。これこそが、札幌での気候市民会議を企画し、実施する過程で、具体的に明らかにされていったことだった。気候市民会議は、何が「問題」であり、何が「解決」であるかの問い直しを誘発する役目を果たしていた。

ミニ・パブリックスが問題の多義性や複雑性をあぶり出すという働きは、それ自体、必ずしも目新しいものではない。例えば本章の冒頭で触れたエネルギー政策に関する討論型世論調査や、北海道での遺伝子組み換え作物の栽培に関するコンセンサス会議など、過去の主要な事例でも経験されていたことではあった。

しかし本章で、筆者が携わった気候市民会議の企画運営のプロセスを、公論形成の場の充実を意図した環境社会学の実践として位置づけて検討したことにより、新たに明確になったことがある。それは、気候市民会議というツールそのものの導入よりも、それをどのように生かすかについて多くの人たちが協働して試行錯誤するプロセスにこそ、本書で論じているような「問題解決」の鍵がある、ということである。

この種の試行錯誤は、会議本体における参加者の熟議の中でなされるだけでなく、準備の段階から始まっている。例えば、第4節でみたように、三つあった論点の一つである「排出実質ゼロを実現した札幌は、具体的にどのような姿に生まれ変わっているべきか」は、一般から無作為で選出された参加者が、家庭や業務、移動など個別分野での排出削減の進め方を十分に議論するためには何が必要かを、会議企画の過程で試行錯誤するなかで、設定されたものであった。自治体の政策には収まらないエネルギー需給の全体的な見通しの議論を、地域における再生可能エネルギー導入拡大について市民参加で議論するうえでどのように位置づけるべきかについての模索も、気候市民会議を行おうとしたからこそ、なされたものであった。

本書で繰り返し論じている「問題」や「解決」の問い直し、とらえ直しは、ミニ・パブリックスというツールを定型的に適用して手早く正解を見つけようとするような姿勢から、最も遠いところにある。ミニ・パブリックスは、問題の複雑さを浮かび上がらせ、試行錯誤を誘発するツールとみなされるべきであろう。

こうしたプロセスをコーディネートする役割を、環境社会学研究者や、環境社会学の素養を持った実践家が担いうること、また積極的に担うべきであることは、これまでにも論じられてきた[茅野 2009; 三上 2005]。札幌での筆者らの取り組みは、多様な関与者と協働しつつこうした「組織者」としての役割を果たそうとしたものだったといえる。

こうした実践の方法論という文脈を少し離れて、もう一つ考えておくべきことは、気候市民会議に関する研究プロジェクトを通じて、この方法が気候変動対策のガバナンスにとって有する意味をめぐって、筆者らが何を明らかにしえたかであろう。欧州での動向調査も含む一連の研究からみえてきたのは、欧州の国や自治体における気候市民会議の広がりや、日本でのこの方法への期待の背景には、既存の代表制民主主義のシステムが脱炭素社会への転換という課題に十分に対応できないという危機感がある、ということだった。世代や国境を越え、しかも既存の利害と鋭く衝突するこの問題は、他の多くの環境や持続可能性の問題と同様に、あるいはそれ以上に、既存の政治システムとの相性が悪い。

気候変動やエネルギー問題に関する人びとの危機感を顕在化させ、それを踏まえた環境政策を可能にするためには、より参加的・熟議的なあり方へと、また人びとが影響力を与える機会を増やすような仕組みへと、意思決定の仕組みを変革することが求められる。ミニ・パブリックスなどの新たな手法を活用して、こうした刷新を進めようとする取り組みは「民主主義のイノベーション（democratic innovation）」［Elstub and Escobar eds. 2019］とも呼ばれる。とくに欧州での気候市民会議の広がりが象徴してきたのは、脱炭素社会への転換という大きな変革を実現するためには、民主主義のイノベーションも同時に起こす必要があるという認識の広がりである。一連の観察と実践を通じて筆者は、こうした認識やそれに根差したさまざまな動きを、一つの仮説として、「気候民主主義」というキーワードでとらえうるのではないかと考えるようになった［三上 2022a, 2022b］。

民主主義のイノベーションそのものは、気候変動に限らず、さまざまな課題に関して必要な変革である。ただ、ここであえて気候民主主義という新たなキーワードを据える必然性があると考えたのは、欧州での気候市民会議の広がりに、気候変動分野における市民会議の活用を通じた民主主義のイノベーションの実践という以上の意義があると考えたからである。南北間や異なる階層、そして世代間で影響の格差が大きい気候変動の問題には、既存の代表制民主主義の仕組みの不調が、とくに明確に現れる。脱炭素社会への転換という目標は、民主主義の刷新を同時に伴うのでなければ、実現がおぼつかない。気候民主主義ということばは、気候市民会議の背景にあるそうした考え方を、端的にとらえようとしたものである。

「気候民主主義」という視座を得てみると、改めて問われるのは、日本社会におけるその可能性や困難さである。市民社会における運動の盛り上がりを背景に気候市民会議が開かれた欧州の国々と比べると、日本の場合、脱炭素社会への転換と民主主義のイノベーションを同時に起こすべきという公共圏からの圧力は弱いと言わざるをえない。とりわけ、化石燃料や原子力への依存からの脱却をいかに図っていくべきかについて、東日本大震災から一〇年以上を経てなお、いまだ十分な社会的な議論や合意形成がなされていると言いがたいことは、それ自体、深刻な課題である。本章でみたようなローカルレベルでの気候民主主義の実践を広げていった先に、より大きなレベルで持続可能な社会に向けた転換を促す公共圏からの圧力を形成できるのか。それこそがまさに、環境社会学の解決論の次の課題である。

註

(1) 科研費基盤研究(B)「公正な脱炭素化に資する気候市民会議のデザイン」(20H04387、研究代表者:三上直之)。

(2) ここで挙げた二つのほか、このプロジェクトではコロナ禍一年目に、ほぼ手探りで本格的な市民会議をオンライン実施することになったことから、オンラインで類似の市民会議を効果的に開催する方法についても知見を得ることを、目的の一つとして掲げた。得られた知見は、この気候市民会議の最終報告書(気候市民会議さっぽろ2020実行委員会[2021])の第四章を参照。

第9章

順応的な社会運動で解決を考える

原発反対運動支援の試行と模索を事例に

青木聡子

1 環境をめぐる社会運動

◆環境運動の歴史的展開

私たちが環境問題を解決しようとしたり自然環境を守ろうとしたりする場合、その手段はさまざまある。例えば、請願や陳情や署名の提出によって国や自治体に対応を求めたり、原因企業を相手取って訴訟を起こしたり、住民投票条例を制定して開発の是非を問うたりと、制度的なアプローチが複数用意されている。場合によっては、自分たちの主張の代弁者を政治の舞台に送り込んで、政策として実現させるというやり方もある。しかし、これらの手段をとることが困難だったり、思うような成果が得られなかったりすることも多く、その場合、人びとは、社会運動やN

PO活動やボランティアなどの手段で、行政や原因企業に異議申し立てや現状の変革を要求したり、自分たちで身の回りの自然環境を改善することになる。本章では、制度的なアプローチを用いる場合も含め、社会運動、NPO、ボランティアなどによって環境問題や環境保全に取り組む集合的な行為のことを、環境運動と呼ぶこととする。

日本の環境運動の歴史は、江戸時代の、金属鉱山や鉱毒被害に対する地域住民たちの抵抗にまでさかのぼることができる［飯島 2001］。明治期以降の重工業化に伴って公害問題は多様化し始めるが、住民を中心とした戦前の環境運動は散発的であり、足尾銅山におけるものを除けば組織的な運動は稀であった［長谷川 2003］。高度経済成長期にさらなる重工業化が急速に推し進められると、重化学工場からの排水や排気による水質汚染、土壌汚染、大気汚染などが深刻化し、周辺住民、とりわけ農漁業従事者による事後的な抗議行動が組織的に展開されるようになった。さらに高度経済成長後期になると、大規模開発や公共事業による環境破壊に対して事前の反対運動が展開されるようになる。例えば三島・沼津・清水の住民による石油コンビナート反対運動や成田空港に対する三里塚闘争に代表されるような、組織的で大規模な運動が各地で展開された。そしてこれらの際に、制度的なアプローチとあわせて用いられたのが、デモ行進や大規模集会や敷地占拠といった直接行動であった。

こうした流れは世界的にみてもおおむね同様である。日本よりもかなり早期ではあるものの、欧州では一九世紀後半に第二次産業革命により重工業化が進むと、それに伴う大気・河川の汚染や自然環境破壊が深刻化し、周辺住民による抗議が相次いだ。そうした抗議が組織的かつ継続的

に展開され、しかも直接行動の手法がとられるようになったのは、欧州においてもやはり第二次世界大戦後のことである。(1)

一九九〇年代に入ると、住民投票が用いられたりアドボカシー型のNPO・NGOが登場したりするなど、環境運動の手法が多様化した。これに伴い、直接行動を行う対決型の環境運動の存在感は相対的に低下したものの、それらは二〇〇〇年代以降に再び脚光を浴びるようになる。

一九九九年にシアトルで開催されたWTO(世界貿易機関)総会への抗議を嚆矢として、二〇〇〇年代に拡大した反グローバリズム運動においては、農業の市場原理主義化に抗議する中小農業者の運動「ビア・カンペシーナ(La Via Campesina)」(「農民の道」を意味するスペイン語)や遺伝子組み換え作物反対運動が直接行動を展開した。二〇一一年の福島第一原発事故後には、日本をはじめ世界各国で市民による反・脱原発の直接行動が大きな盛り上がりをみせた。さらに二〇一〇年代末以降は、気候変動をめぐる運動が新たな展開をみせ、「未来のための金曜日(Fridays For Future)」をスローガンに、いわゆる「気候ストライキ」と呼ばれる抗議集会や抗議デモが、若い世代を主な担い手として世界各地で繰り返されている。

◆環境運動研究の展開

こうした社会の動きに呼応するように、環境運動を対象とした研究も展開されてきた。そもそも、日本の環境社会学のルーツの一つとして社会運動研究があり、学問分野としての環境社会学が日本で成立した一九九〇年前後から、対抗的な住民運動・被害者運動の展開過程を左右する構造的要因や、参加者・支援者の動員過程が明らかにされてきた［飯島 1984; 船橋 1995; 片桐 1995; 長谷川 1996 など］。こうした研究はその後も引き続き行われており［帯谷 2004; 浅野 2008; 西城戸 2008; 青木 2013 など］、対抗的な環境運動が環境社会学にとって重要な研究対象であることは現在も変わらない。

他方で、環境運動研究は新たな展開もみせてきた。研究対象の多様化とそれに伴う理論的展開である。一九九〇年代半ば以降、政策提言型市民活動やNPO・NGO、ボランティア活動、市場志向型活動、社会的企業などが現実社会で増加すると、それらを社会運動ととらえ、動員構造や成否を分析する研究や、活動を通じてなされる主体形成に着目した研究が多く行われてきた［佐藤 1996; 牛山 2003; 大畑 2004; 藤井 2007 など］。こうした社会運動および社会運動研究の動向と軌を同じくして、「環境運動なるもの」も多様化し、環境運動研究の射程も広がった。新たに「環境運動なるもの」とみなされるようになった例としては、森林ボランティアや河川ボランティアの活動などが挙げられるが、それらを対象とした研究でも、動員構造だけでなく、活動を通じた主体形成への着目がなされる傾向にある［松村 2007; 富井 2017 など］。

こうした環境運動および環境運動研究の展開を踏まえたうえで、本章では、環境運動が、社会の変化にも自然環境の変化にも柔軟に対応しながら展開されていくことに着目し、社会運動の順応性という論点を新たに加えたい。それによって、環境をめぐる社会運動（環境運動）であるがゆえの特徴や困難さ、意義を指摘し、社会運動はいかに環境問題を解決しうるのかについて検討したい。このため、次節で、そもそも環境問題の解決とは何かについて、その多義性を示したうえで、第3節以降で順応的な環境運動のあり方について例を挙げながら検討していく。

2 社会運動による環境問題の「解決」

◆環境問題の「解決」とは何か

環境問題の「解決」とは、発生源の解消・封じ込めによって健康被害や生活被害が軽減されたり、予防措置によって被害の回避が可能になったりすることだけではない。

ひとたび環境問題が発生すると、自然環境や人びとの身体に物理的な被害がもたらされるだけでなく、当該地域の産業や人間関係など社会的な側面にもさまざまな影響が及びうる。自然環境が被害を受けたことによる地域の産業の衰退や、身体的被害の有無や程度の差によって生じる人間関係の悪化や地域社会の亀裂は、法的に決着がついて自然環境が回復したとしてもなお問題として残ることが多い。環境問題の「解決」とは、自然環境の回復にとどまらない、幅広い問題解決を含意しているのである。

加えて、反対運動や政策転換によって大規模公共事業計画などが中止され、自然環境への被害が事前に食い止められた場合でも、受け入れを予定していた地域への影響は軽微ではない。環境破壊という形での顕著な被害は少ないものの、計画の受け入れをめぐって人間関係が悪化し地域社会が分断されたり、期待されていた経済効果が得られなかったりと、目に見えない形の影響はもたらされている。

これらを踏まえると、環境問題の「解決」について考えるときには、自然環境や人びとの身体への被害だけでなく、地域社会への影響や目に見えない被害、そしてそれらを克服しようとする人びとの取り組みにも焦点を定める必要がある。環境問題の「解決」とは多元的であり、それゆえ社会運動によって環境問題を「解決」するといっても、さまざまなゴールがありうるし、ゴールは更新され続ける。そのため、そのつどの軌道修正を許容する展開の仕方、すなわち順応性が重要となる。

この順応性を備えた解決のあり方を、実践の指針として具体的に定式化したのが「順応的ガバナンス（adaptive governance）」［宮内 2013］の概念である。順応的ガバナンスとは、自然の不確実性に加えて社会の側も不確実であり、構想どおりに社会がうまく進むとは限らないことを念頭に、すなわち、自然と社会の「不確実性や変化を大前提として」、「価値や制度を柔軟に変化させながら試行錯誤」を重ねていく協働の仕組みである［宮内 2017: 18, 20］。もともと保全生態学などの分野で用いられてきた「順応的管理（adaptive management）」の考え方を発展させたものであり、科学的なデータのみに基づいて順応的管理を行えばよいわけではなく、さまざまな価値観や利害を内包した地域社会の固有の文脈にも順応的であることや、失敗やそれによるリスクを負うことも含めて事業に合意してもらうようなコミュニケーションのあり方が重要であると指摘されている［宮内 2013］。ゴールが更新され続け、そのつどの軌道修正が求められる環境運動では、この順応的ガバナンスに基づく展開ができるか否かが重要となる。

✹環境運動の役割

さらに、環境運動を含む社会運動が社会に及ぼす影響がさまざまであることにも注意が必要である。片桐［1995］は、「社会運動の機能」という言い方で副次的影響も含めた整理をしている。そこでは社会運動の機能が社会に対するものと社会運動組織の成員に対するものとに大別されたうえで、さらに顕在的機能と潜在的機能とが掛け合わされて次の八つの機能が指摘される［片桐 1995: 89–91］。まず、社会に対する顕在的機能として、①公的状況の変革が挙げられる。この公的な状況の変革は、政治制度や政策の転換を伴うものと、それらを伴わないものとに分かれる。次に、社会に対する潜在的機能として、②運動の価値の一部の普及、③運動に対する社会統制の強化、④他の運動の源になること、⑤風俗文化への影響が挙げられる。さらに、運動組織の成員に対する顕在的機能として、⑥運動目標の達成による不満解消が挙げられ、最後に、運動組織の成員に対する潜在的機能として、⑦集合的アイデンティティや連帯感の付与・強化、⑧意識変容が挙げられる。

ほかにも、「社会運動のインパクト」という言い方で社会運動の効果を整理した Giugni and Bosi［2012］は、前記の整理と同様にインパクトを運動組織の内部と外部に大別したうえで、インパクトの性質が政治的か、文化的か、個人のライフコースに関わる（biographical）かでさらに分類している。こうして整理される環境運動の効果のうち、一般的には片桐［1995］がいうところの①公的な状況の変化や、Giugni and Bosi［2012］がいうところの運動組織外への政治的、産業・経済的インパクトが「環境運動の成果」として操作的に定義され、運動の戦略などとの因果関係の説明的研究が行われてきた[2]。だが、実際の環境運動の現場では、こうした狭義の成果の達成のみでは解決しない問題が残されるケースが多く、その後も環境運動が続けられる場合が少なくない。それゆえ、環境運動をとらえる際には、活動目標の更新を考慮に入れつつ、実際の活動内容にそのつど、どのような軌道修正が加えられているのかに留意する必要がある。

運動は必ずしも首尾一貫した戦術に貫かれているわけではなく、ある程度の可変性、柔軟性、臨機応変性を有している。とはいえ、まったく無秩序に変化しているわけではなく、一定の原則や理念に則ってもいる。では、ある運動の中で目的や戦術の変更はどのように加えられ、運動の展開にどのように作用するのだろうか。こうした環境運動の順応性について、次節以降で具体的にみていこう。

3 「浜を買い支える」活動の変遷

◆「熊野灘ぐるめの会」の発足とその活動

本節および次節で取り上げるのは、三重県の芦浜《あしはま》原発反対運動を支援するために一九八〇年代後半に愛知県名古屋市で活動していた「熊野灘《くまのなだ》ぐるめの会」(以下、「ぐるめの会」)と、それを引き継いだ「芦浜産直出荷組合」(以下、出荷組合)による、「浜を買い支える」活動である。というのも、この「ぐるめの会」から出荷組合への変化の過程がまさに、環境運動の順応的展開といえるからである。芦浜原発反対運動については本講座第2巻第6章［青木 2023a］で詳しく述べているため、ここでは最小限の説明にとどめる。本章では「浜の買い支え方」の変遷にクローズアップすることで、環境運動の順応性について考える手がかりを示したい。

芦浜原発反対運動は、三重県の紀勢町《きせいちょう》（現・大紀町《たいきちょう》）と南島町《なんとうちょう》（現・南伊勢町《みなみいせちょう》）にまたがる芦浜地区を舞台に、一九六三年から二〇〇〇年の三七年間にわたって展開された環境運動である。中部電力が当地に一一〇万キロワット出力の原子炉二基の建設を計画したことが事の発端であり、建設予定地の地先の漁業権を有する錦漁協（紀勢町）と古和浦《こわうら》漁協（南島町）の漁業者のうち、主に南島町側の漁業者を中心に反対運動が展開された。当初は「よそ者」の参入を拒む地元漁業者の反対運動であったが、最後の五年間は周辺都市の市民運動の支援を積極的に受け入れながらより広範に展開され、最終的には三重県知事に計画の「白紙化」を宣言させ、中部電力に原発建設を断念させるに至った（二〇〇〇年）。こうしたなかで、ここで取り上げる「ぐるめの会」や出荷組合の活動は、都会の「よそ者」の住民運動への参入が地元から敬遠されていた時期に、地元との絶妙な距離を保ちつつなされた支援であった。

「ぐるめの会」は、名古屋大学の若手研究者と学生を中心に結成された「反原発きのこの会」（以下、「きのこの会」）から派生したグループである。「きのこの会」自体は、一九七八年に発足し、当初は原発全般や核兵器に対して反対運動を行ってきたが、一九八四年夏頃から芦浜原発問題に取り組み始めた。その過程で現地に複数回足を運んだメンバーたちは、当地の漁業の衰退を目の当たりにし、この漁業の衰退こそ原発問題の根本であると考えた。そこで、漁業を支える活動に取り組むことにし、芦浜で獲れた魚を購入することで漁師や漁村を経済的に支援する「ぐるめの会」を立ち上げたのだった(一九八六年二月)。「ぐるめの会」は、名古屋市内の消費者運動とも提携してチラシや口コミで販路を広げ、活動開始から数か月で、毎回一〇〇件あまりの注文を受けるまでになった。

「錦(旧紀勢町の地名)の魚を刺身で」を謳い文句にした「ぐるめの会」は、主に週末、朝に獲れた魚を生でその日のうちに都市部で販売した。「ぐるめの会」メンバーがボランティアで名古屋と錦(旧紀勢町)の間を軽トラックで往復して、注文先の家庭に魚を配達するというやり方であり、すべての配達先に魚を届け終わるのは夕方から夜であった。

◆不便さを引き受ける支援

購入者側からみれば、「ぐるめの会」に魚を注文すると、三、四種類の魚が四~五キログラム入ったセット(三〇〇〇円)が届く。これが基本的な買い方であった。このほかに、二〇〇〇円コースと四〇〇〇円コースがあったが、二〇〇〇円だとイワシが四キログラム、四〇〇〇円だと高級魚を中心に四~五キログラム届くという仕組みであった。つまり、二〇〇〇円コースならばイワシが来ることがわかっているが、その代わりイワシばかりが四キログラムも届くことになる。他方でそのほかの二コースだと魚種を選ぶことができず、いざ配達があるまで、どんな魚が入っているのかわからないうえに、四~五キログラムと相当の量が届く。先述のように、配達はたいてい夕方から夜になるため、届いたばかりの魚を目の前にして、即座にメニューを決定し、臨機応変にその日の夕食をつくらなければならない。生魚なので日持ちもせず、翌日くらいまでには食

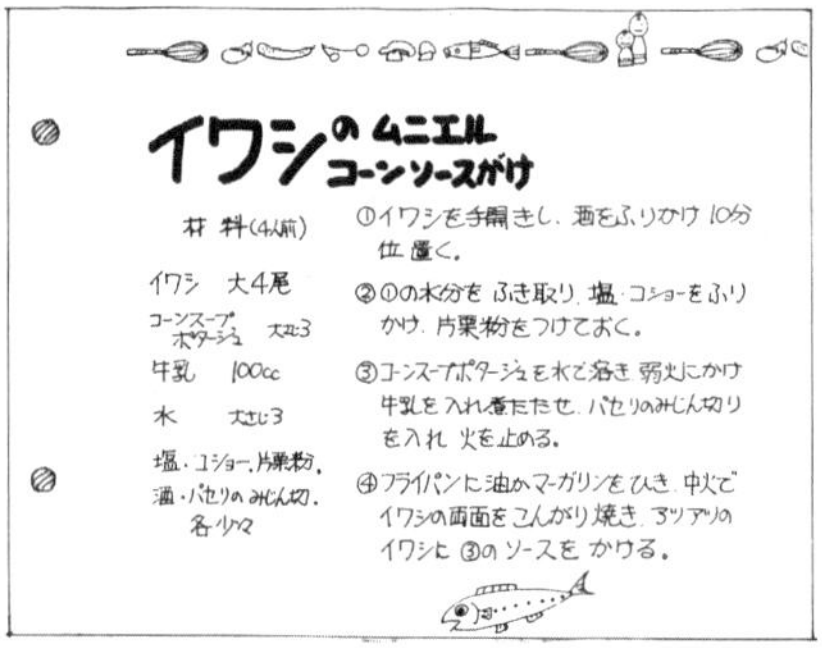

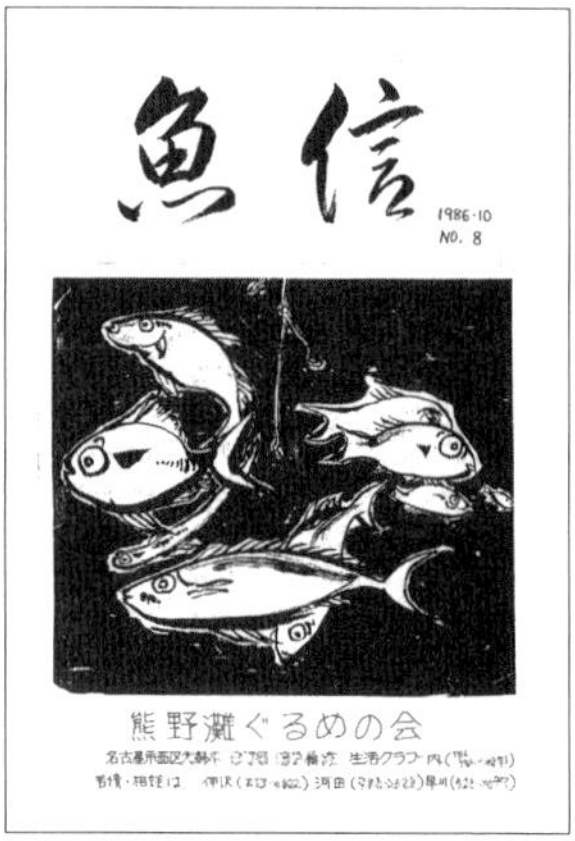

写真9-1
「熊野灘ぐるめの会」のニューズレター
『魚信』第8号（1986年10月発行）
撮影：筆者

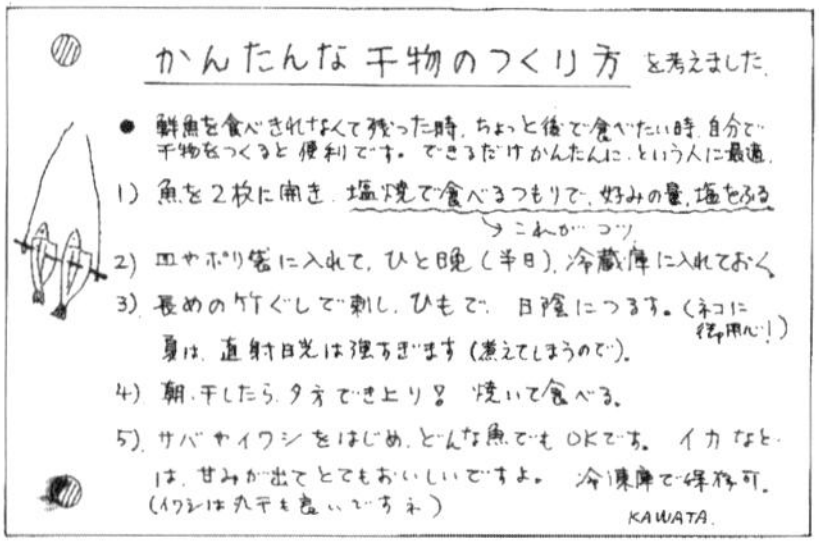

写真9-2・9-3　ニューズレターに掲載された魚料理のレシピ．
『魚信』第15号（1987年7月発行），第2号（1984年3月発行）
撮影：筆者

べきるか何らかの処理をしなければならない。食べたい種類の魚を食べたい分だけ切り身で、スーパーで買ってくるのとは異なり、届く魚に、すなわち漁の都合に合わせて消費しなければならなかった。では、購入者たちは、大量に届く生魚をどうやって食べきっていたのだろうか。

まず挙げられるのは、「ぐるめの会」が共同購入を推奨していた点である。一世帯ではなく、複数の世帯が共同で一セットを購入することで、購入者はそれぞれ無駄なく魚を食べきることができるというものであった。しかしそれができない世帯もあったし、共同購入したとしても、生魚を鮮度の良いうちに食べきるのは大変だったようである。「ぐるめの会」のニューズレター『魚信』(月一回の発行)(**写真9−1**)をみると、毎号といってよいほど魚料理のレシピが掲載されている。最も頻度が高いのはイワシで、次にサバやアジとレシピが続き、さらには保存のきく干物のつくり方まで紹介されていた(**写真9−2**)。レシピの掲載だけでなく、料理教室もたびたび開催された。

こうしたレシピや機会を活用するなどして、購入者は、届いた生魚を食べきるためにそれなりの労力を割き、ただしその代わりに鮮度抜群のおいしい魚を食べ、芦浜の漁業者たちを買い支えたのである。

このことが意味するのは、都市の市民たちがある程度の不便さを引き受けながら芦浜の反原発運動を支援していたことである。それは、気軽な寄付でもなければ、自分たちの都合で行う支援でもなく、一定の不自由さが日常に入り込んでくることを甘受したうえでの支援であった。日常生活の場がそのまま闘争の場と化した漁業者たちと比べればその負担はわずかであるものの、自分たちの日常をわずかながらでも削ることで漁業者に寄り添うことを、身をもって示すものでもあった。

◆「ぐるめの会」から出荷組合へ——生魚から干物へ

開始以降、順調に顧客数を増やしていった「ぐるめの会」は、約五年間の活動ののち発展的に解消し、すでに発足していた「芦浜産直出荷組合」(出荷組合)が活動を引き継いだ。「ぐるめの会」から出荷組合に展開するにあたって大きく変化したのは、販売する商品であった。芦浜の魚を都市の市民に届けることには変わりなかったが、「ぐるめの会」では生魚にこだわっていたのが、出荷組合では生魚をやめて干物販売へと舵を切り、錦(旧紀勢町)に干物の加工場までつくったのである。

そこにはどのような理由があったのだろうか。都市の市民は不便さを引き受けることが嫌になってしまったのだろうか。はたまた、「ぐるめの会」のメンバーが生魚の配達をさばききれなくなったのだろうか。答えは、そのいずれでもなかった。たしかに、注文が増えるにしたがって配達が追いつかなくなったという事情もあったようだが、それ以上に、漁業者たちの負担が増大したのである。というのも、「ぐるめの会」による鮮魚販売は週に一度または隔週であり、芦浜にはそのタイミングで注文が集中する。顧客が増えれば増えるほど、いっぺんに大量の鮮魚を準備する必要が生じたが、獲るにも、発送のために箱詰めするにも、有志の漁業者で賄うのは限界であった。

加えて、「ぐるめの会」が活動していた一九八〇年代後半、それまで豊富に獲れていたイワシの漁獲が不安定になりつつあり、そのほかの魚種も減少し始めていた。熊野灘の漁業を取り巻く自然環境が大きく変化しつつあったのである。こうした資源の減少と前述の顧客の増加との双方によって、需要に供給を追いつかせることが困難となりつつあり、結果として芦浜の漁業者に無理を強いることになっていたのである。実際に、『魚信』第九号(一九八六年一一月発行)には、芦浜の漁業者の次のような声が掲載されている(明らかな誤字は引用者が修正)。

……我家は二〇年来の漁師では有りますが、いさばや（魚屋）では有りません。何もかも初めての鮮魚パックは、私どもには大変な作業だったのです。決められた日に魚が有るのかどうかは当日の朝まで分からず、パックの中身もその場になってみないと何が入るのか、おまけに馴れない箱詰め作業、限られた時間、……これで苦情を聞くようなら割が合わないのでやめようなどと言っていました。

こうした漁業者への過度の負担を軽減するためになされたのが干物への転換であり、「ぐるめの会」から出荷組合への展開であった。干物であれば、週に一回または隔週の販売日にあわせて集中的に作業する必要はなく、出荷までに一定数を獲って加工できればよかった。一週間または二週間かけて出荷する数量を揃えればよく、漁獲の不安定さも吸収できた。

4 環境運動の順応性

出荷組合のさらなる展開

こうして活動を継続させてきた出荷組合は、芦浜原発反対運動が終了した後も、今日に至るまで、芦浜から中部・関西圏の都市に干物をはじめとする海産物加工品を届けている。「ぐるめの会」時代にスタッフがボランティアで軽トラック輸送し配達していたのとは異なり、現在では複数の消費者団体と連携することで、地理的にも量的にも購入者が拡大した。[3] 事業の内容も加工に重点を置くようになり、芦浜を中心に熊野灘で獲れた魚介類を仕入れることで、商品も干物にとどまらず多様化した。こうした展開の過程でさらに興味深いのは、芦浜や熊野灘以外の産地からも魚介類を仕入れるようになったことである。原則的には熊野灘の海産物を扱うのだが、水揚げが少ないときや、熊野灘では揚がりにくい魚種などは、遠方の港から仕入れることもある。[4]

こうしてみると、「朝とれた芦浜の魚をその日のうちにお刺身で」の掛け声のもとで開始された「ぐるめの会」時代の鮮魚販売から、芦浜・熊野灘産の干物の加工・販売を経て、他産地からも仕入れて加工・販売するようになるに至るまで、出荷組合の活動は質的にも変化してきた。これは消費者運動の視点でみれば、需要や水産資源の変化にあわせたやむをえない妥協といえるかもしれない。購入者からみれば、「ぐるめの会」当時は芦浜産の新鮮な生魚を購入できていたのが、やがて干物の購入となり、さらには他産地のものも時折入ってくるようになった。このことに購入者の不満がまったくなかったわけではない。『魚信』の「購入者の声」には、干物よりも鮮魚が良いという投書も複数掲載されている。[5]

だが、「浜を買い支える」活動や「原発に拠らない地域づくり」活動という観点からみれば、この変化はむしろ、浜(の人びと)の事情に最大限配慮するための積極的な軌道修正といえる。そしてそれは、「ぐるめの会」当初からの、都市の購入者が「不便さを引き受け」、「我慢をする」ことの延長線上に位置づけられるのである。

◆変化を了承させるコミュニケーション

それでは、「ぐるめの会」から出荷組合へ、そして出荷組合がさらなる展開をみせたのに伴って生じた活動の質的な変化を、購入者たちはどのように納得したのだろうか。順応的ガバナンスにおいては、失敗やそれに伴う軌道修正をも織り込んだ合意をあらかじめ形成しておくことが重要とされている[宮内 2013]。だが、本章の事例では、いずれ生魚ではなく干物に転換するかもしれないことや他産地の魚も使用するかもしれないことを、「ぐるめの会」が初めから表明していたわけではない。そうした変化自体、運動側でも想定されていない事態であった。では、活動の変化はどのようにして受け入れてもらえたのだろうか。

そこで重要な役割を果たしたのが、ニューズレターによるコミュニケーションである。具体的には、すでに何度も言及している『魚信』(「ぐるめの会」ニューズレター)と、『胞子』(「ぐるめの会」および出荷組合の母体である「きのこの会」のニューズレター)の紙面に繰り返し掲載された、スタッフや芦浜の漁業者からの寄稿である。「ぐるめの会」と出荷組合のスタッフからは、活動の意義ややりがいを綴ったものに加えて、魚の運搬で名古屋と芦浜を往復することのしんどさ、夕食に配達が間に合わなかったことへのお詫び、漁獲が少なく配達中止にせざるをえなかったり内容が値段に見合わなかったりしたことへのお詫びなど、活動がうまくいかないことや大変さを包み隠さず綴った文章が繰り返し寄せられていた(6)。芦浜の漁業者からは、購入者への感謝に加えて、イワシが獲れなくなってきたことや漁獲全般が不安定であることなど、漁業を取り巻く環境の悪化への不安の吐露や漁そのものの過酷さ、先に引用したような出荷にあわせた作業の大変さといった本音が、こ

れも包み隠さず綴られ寄稿されていた。(7)

このように、ニューズレターを通じて、自分たちの活動がすべて成功裏で順調なわけではないこと、困難に突き当たりそのつど何とか乗り越えていることが表明されており、ネガティブな情報もあわせて活動のリアリティが伝えられていた。活動が試行錯誤の連続であることを知った購入者からは、労《ねぎら》いの声とともに、担い手側の不手際によって購入者が不都合をこうむることを許容する投書が繰り返し寄せられている。ここからわかるのは、ニューズレターを通じて、活動のある程度の不安定さを購入者が承知し、不便さの引き受けを心得ていたことである。「ぐるめの会」と出荷組合の活動において、ニューズレターを通じて行われていたのは、活動プロセスの徹底的な透明化、可視化であり、情報公開であった。こうして運動側が手の内を明らかにすることで、その先の軌道修正が予見され、許容の下地ができたのである。

5 社会運動で環境問題を解決するために

本章では、問題解決に寄与する環境運動のあり方を探るために、運動の順応性に焦点を定めて事例の検討を行ってきた。第3節と第4節で取り上げた「ぐるめの会」と出荷組合の活動を振り返ると、次の三点の指摘ができる。

第一に、環境問題の「解決」の含意についてである。「ぐるめの会」は、芦浜原発の建設反対を掲げる「きのこの会」から派生して、原発に拠らない地域社会づくりを目指す団体として設立された。

芦浜原発反対運動が二〇〇〇年に終結しても、原発に拠らない地域づくり（＝地域が食べていける産業の確立）という目的のために、後継の出荷組合が活動を継続した。このことは、第2節で指摘したように、環境問題は自然環境に関する問題にとどまらず、当該地域の経済・社会的側面も含めた問題として存在しており、それゆえ、その解決も開発や事業の阻止のみによって達成されるわけではないことを示している。芦浜の場合、原発建設を阻止して終わりではなく、原発誘致を選択肢の一つとせざるをえなかった、地域社会の衰退を食い止めることが、問題の解決であった。地域社会の持続性はいまだ十分に保証されているとはいいがたく、この観点からみれば問題は未解決である。それゆえ現在も活動が続けられているのである。

先述の片桐［1995］の整理に照らし合わせれば、芦浜原発反対運動自体には、「①公的状況の変革（政策や意思決定の転換を伴う）」という直接的な機能があった。一方、その過程で展開された「ぐるめの会」と出荷組合の活動には、政策転換は伴わずささやかではあるかもしれないものの、やはり「①公的な状況を部分的に変える」機能を見いだすことができる。芦浜の漁業者に、漁業や海産物の加工業で食べていく展望をもたせると同時に、都市の市民には不便さを引き受けつつの購入という新しい消費の仕方を提案し、都市と地方の間の不均衡を乗り越える方途を示していたからである。そしてそれは、「⑧運動組織の成員の意識変容」を促すものでもあった。

第二に、現在まで活動を継続するにあたって発揮された、運動の順応性である。「ぐるめの会」は新鮮な魚を売りに生魚の販売から活動を開始したが、活動をしていくうちに、鮮魚にこだわることが図らずも支援先の漁業者に負担をかけることになった。漁業者を支えるために購入者が不便さを引き受けてもなお、鮮魚販売は漁業者に負担となったのである。このため、「ぐるめの会」は方針を転換し、漁業者の負担が少なくて済む干物販売へと切り替えた。このことは鮮魚に価値を見いだしていた購入者に、また別様の「我慢」を強いるものであった。さらに活動の拡大に伴って、場合によっては熊野灘産以外の魚介類も入るようにもなり、購入者からみれば当初の魅力は薄れたかもしれない。だがこの変化は、運動側から見れば、「浜を買い支え続ける」ためには必要な転換であり、状況に合わせて「買い支え方」は変えていたものの、浜の都合を優先させるという点では一貫していた。

さらに第三に、こうした複数回にわたる軌道修正を購入者に納得させるにあたっては、運動の内情を逐一、公開しておくことが有効かもしれないことである。順応的ガバナンスの議論では、軌道修正や失敗の可能性をあらかじめ盛り込んだうえでステークホルダーの合意を取っておくことが望ましいとされる[宮内 2013]。だが、本章の事例からは、そのような事前の合意が不可能だったり取り損ねたりした場合でも、リアルタイムで情報を開示していけば軌道修正や失敗が許容されうることが示された。その際に重要なのは、都合のよい情報だけでなく、試行錯誤の実態やうまくいかなかったことなど、ネガティブな情報も含めて包み隠さず吐露することである。そうして運動の参加者や賛同者に担い手側の実情を知ってもらうことで、予告されていなかった軌道修正やそれによる新たな負担の発生に対する人びとの寛容さが醸成されうる。成員に向けた弱さの開示をうまくできるかどうかが、運動の成否を左右しうるのである。

だが、環境運動に限らず社会運動の担い手は、対外的に弱音を吐いたり弱みを見せたりすることを避ける傾向にある。というのも、弱さの開示は、敵手に対して弱点をさらすだけではなく、すでにフォロワーとなっている人びとやこれからなる可能性のある人びとに運動の先行き不透明感や不安定感を示すことでもあるためである。運動の弱さを知った人びとは、運動の有効性に疑義を持ち、運動から去りかねない。このため、運動のつらさやうまくいかなさといったネガティブな情報は、コアメンバーの間でのみ共有されるにとどまる［青木 2023b］。こうした事情に留意したうえで、本章ではそれでもなお、運動の弱さを開示することの意義を指摘したい。

先述したように、社会運動のターゲットたる相手方の出方については、ある程度の予測はできるものの、時に想定外のリアクションがなされたり、思わぬ司法の判断が下されたり、運動を取り巻く政治環境が意外な方向に変化したりする。すでに動員済みの人びと、すなわち支援者・賛同者のリアクションすら読めないときもある。そしてそれゆえ躓《つまず》きや失敗が運動にはつきものであるが、この躓きや失敗は運動の順応性と表裏一体でもある。通常の社会運動の場合と比べ、自然環境の予測不能性もあわさった環境運動の場合、先行きの不確実性はさらに増幅し、よりいっそうの順応性が求められ、事後的に軌道修正がなされる可能性も高くなる。それゆえ、想定外の事態に遭遇したときの戸惑いや試行錯誤をフォロワーと共有し、軌道修正に対してそのつどの同意を得ることが、環境運動にはことさらに重要である。

そのためのツールとして、本章の事例からはニューズレターが有効であったことが示されたが、場合によっては研究者もその役割を果たしうる。研究者は、ある程度リアルタイムで事例を追っている場合には、運動が問題の解決に向けて活動し続けるプロセスを伴走しながら検証し、運動の担い手たちが開示をためらいがちな躓きや失敗をあわせて記録する。そして当事者の了解が得られれば公表する。この一連の営みは、運動の弱さに対する人びとの理解を促しうるし、ゆえに運動の軌道修正に対する許容を高めることにもつながる。研究においては学術的な貢献が重要なことは言うまでもないが、それに加えてこのような形での社会的貢献が可能なことも、環境運動研究の特徴であり意義といえよう。

註

(1) 代表的な闘争としては、一九七〇年代にフランスのラルザックで展開された陸軍演習場拡張反対運動や、同じくフランスで展開されたマルコルスハイム製鉛工場反対運動、一九七〇年代後半以降にドイツのヴィール、ゴアレーベン、ヴァッカースドルフなどで展開された原子力施設反対運動やフランクフルト空港滑走路新設反対闘争が挙げられ、そのいずれにおいても敷地占拠が実行された。

(2) 前述のように、近年の環境ボランティアに関する研究では、片桐[1995]による整理の⑦や⑧への着目も進んでいる。

(3) 関西では主に「関西よつ葉連絡会」、そのほかに各地の生活協同組合を通じて商品を流通させている。

(4) 「関西よつ葉連絡会」ウェブサイトの生産者紹介ページでは、水揚げが少ない場合には他の産地から仕入れるとの紹介がされているし、生活協同組合の商品案内ページでは、「サンマは北海道産が一番」であるため熊野灘産ではなく北海道のサンマを使用するとの出荷組合のコメントが記されている。

(https://www.yotuba.gr.jp/seisansya/asihama.html)[最終アクセス日:二〇二二年四月一七日]

(https://ichoice-coop.com/petittomato-coop/)[最終アクセス日:二〇二二年四月一七日]

(5) 例えば、『魚信』第三六号(一九八九年一二月発行)や同第三九号(一九九〇年五月発行)など。

(6) 例えば、『魚信』第三号(一九八六年四月発行)には、漁獲の都合で魚種がイワシに偏ったうえに割高になったことへのお詫びが掲載されている。ほかにも、同第四号(一九八六年五月発行)には、「我が宅配日記」と題した、配達の苦労や夜遅くになったお詫びを綴った記事が掲載されたり、魚種が偏ったことの事情説明(同第九号、一九八六年一一月発行)、漁獲が少なく販売が限られたことへのお詫び(同第一一号、一九八七年二月発行)、誤配のお詫び(同第一二号、一九八七年三月発行)、「『熊野灘ぐるめの会』から叫び！HELP・HELP・ヘルプ」(同第二七号、一九八八年一二月発行)など、活動の大変さをうかがわせる記事がほぼ毎号、掲載されている。

(7) 例えば、『魚信』第二五号(一九八八年一〇月発行)、同第三六号(一九八九年一二月発行)など。

第10章

公共圏の活性化によって解決を考える

環境社会学者が社会に果たす役割

茅野恒秀

1 はじめに——社会の中の環境社会学者

ときどき、自分が何者なのだろうと不思議に思うことがある。言うまでもなく、研究者は研究に専心するのが至極当然であるわけだが、環境社会学者としての私の日常・実践は、一般的な研究者のイメージとはいささか異なるかもしれないからだ。

私の日常をごくコンパクトに描写してみよう。研究者であるからして、最も重きを置くのは知識生産であることに違いはない。研究課題に即して、さまざまな社会調査の手法を組み合わせながらデータを得て、論文などにまとめる労力は当然ながら大きい。ただ、フィールドで得られるのはデータだけではない。現地へ足を運び、起きている出来事の全体像とディテールの双方を臨場感をもってつかむことに加え、現場では「調査対象」となる人びととの対話、コミュニケーションが必然的に生まれる。これは調査の副産物のように思われがちだが、地域社会や人びととの人格的交流は、環境社会学者の営みにとって本質的な経験だと私は考えている。

こうした経験をきっかけに、住民や行政職員たちから、どのように問題に向き合えばよいか、どのように問題を解決すべきかといった相談が、頻繁に寄せられることになる。相談の内容は個別具体の開発問題への対応の仕方や政策のあり方、さらに課題解決型のプロジェクトの進め方など実に多様だ。マスメディアから見解を求められることもあれば、私自身がプロジェクトのメンバーや自治体が設置する委員会の委員として政策形成の当事者となることも少なくない。気がつけば、研究という営為を媒介に、実際の問題解決過程への関わりに相当の労力をかけている。

日本の環境社会学会は一九九二年の設立当初から、環境問題の解決に貢献する（会則第二条）という目的を明確に位置づけてきた。だが、この性格自体は環境社会学に固有のものとはいえない。多くの環境系の学問分野は環境問題の解明・解決を志向して、技術的な解決方法や市場メカニズム、法制度の設計などに知識を活用している。政府の審議会の委員構成を見れば、社会科学では法学者や経済学者の関わりが目立ち、社会学の一領域である環境社会学者の政策形成への関わりは、相対的に薄いと言わざるをえない状況かもしれない。

どうも環境社会学者は分が悪そうだ。が、そう言い切ってしまうと、冒頭に紹介した私と社会との関わりはいったい何なのだということになってしまう。むしろ、こう考えてみてはどうだろうか。――環境社会学の知は、法や経済という社会現象の特定の断面に着目して論を立てる法学や経済学が持つ〝切れ味〟とは異なる特性を持っているのかもしれない、と。

人びとは誰しもが、何らかの、そしていくつもの社会に包摂されている。社会学の方法はこの「社会的な存在としての私たち」を認めることから立ち上がるのだが、この前提は研究者も例外ではない。その行為は社会からの影響を受け、また社会へ影響を及ぼすこともある。こうした社会と行為者との再帰的な関係を踏まえれば、前述した知の特性はこう表現することもできるだろう。知そのものが問題解決を前進させるのではなく、知が社会と交じり合うことで問題解決が前進するのではないか。では、環境社会学の知が社会と交じり合うとはいかなることか。環境社会学者の実践は、環境問題の解決過程においてどのような役割を果たすことができるのか。本章はこれらの問いを検討してみよう。

2 環境問題と公共圏

❁環境問題解決過程の「複雑さ」

さまざまな現場に学び、知識生産を行いつつ、地域社会や人びととの対話を通じて、問題解決過程に分け入って主体的に行為する。冒頭に紹介した私のせわしない日常を一文で表せばこのようになる。これは私に限らず、少なくない環境社会学者が実践してきたことでもある。例えば、インドネシアを主なフィールドにローカルな現場での「アクションリサーチ」の成果を国レベルの政策の改善へと取り結ぼうとする井上真は、自身のアプローチを、学問領域を時に越境する「総合格闘技」[井上 1999]になぞらえる。そして、政策過程における自身の立ち位置を、アクターたちを陰で支え、時には動かす「黒子」[井上 2014]と表す。ただし、政策過程にしばしば委員として公式に関わり、住民や行政との協働の場に参画するアクターとしての立場を持つ私からみれば、環境社会学者が必ずしも「黒子」でなければならない必要はない。それはさておき、井上と私が共通して取り組むのは、鳥越皓之が「社会という舞台で人間が自分たちの環境を悪化させつづけているとしたならば、その舞台の仕組みをあきらかにすることが環境問題を解決する一つの有力な方法」[鳥越 2004: 2]とした方法意識の、その先の実践であることには違いない。

ただし、ここで要石《かなめいし》のように置かねばならない前提は、環境問題の「解決」をめぐる状況の複雑さである。農と食の分野で長年研究に取り組んできた谷口吉光は、次のように述べる。

> 私たちを困惑させるのは、環境破壊を進める力が依然として強いこととともに、環境問題の解決をめざす実践が真の解決に向かって直線的に進んでいかないということであろう。現実に起こっているのは、真の解決だと思われたものが実は「部分的な解決」に過ぎないというばかりでなく、ひとつの「部分的な解決」が新たな問題を引き起こしたり、かつての「解決」が今では「問題」になってしまうという「蛇行的な展開」である。[谷口 1999: 172]

谷口の説は、環境問題が「やっかいな問題(wicked problems)」の一つであることを明確に示す。それだけではない。宮内泰介は、解決のあり方を考える以前に、実は問題を定めることすら難しいと説く。

マスメディアにとってのダム問題、自然保護派にとってのダム問題、住民にとってのダム問題、それぞれズレてくる。一般的な「ダム問題」などというものはない。あるいは「ダム問題」というくくりの問題がはたして存在するのかどうかさえ、わからない。「誰にとって」ということを設定しなければ、「問題」は浮かび上がってこないのである。［宮内 2003: 290］

環境問題は、その解決のあり方だけでなく、問題の出発点ですでに複雑さに満ちている。

❁公共圏——学びと対話と協働の場

複雑さを前提とせざるをえない問題には、どのように立ち向かえばよいのだろうか。「やっかいな問題」に関して包括的に研究したV・ブラウンらによれば、ポイントは二つある［Brown et al. 2010］。第一に、問題の特定から解決策の実行までのプロセスに社会的学習（social learning）を組み込んで臨機応変に取り組むこと、第二に、学問領域や組織の垣根を超えて（transdisciplinary）協働を推し進めることである。谷口がいう「蛇行的な展開」を、困惑の源泉とせずにプロセスの与件として位置づけ、社会や科学が揺れ動く状況のなかで価値や制度を柔軟に変化させながら試行錯誤していく協働の仕組みを「順応的ガバナンス（adaptive governance）」［宮内編 2017］と呼ぶ。問題の出発点も、解決に向けた(当面の)ゴールも、一意に定めることが難しいとすれば、むしろ大切なのは、誰にとっての、どのような問題なのかを、ともに発見していくプロセスだ。まさに「みんなで解く」[堂目・山崎編 2022]ことになる。こうしたプロセスでは、「正解」を見つけ出そうとするより、知恵を寄せ合って「成解」をつくる力が社会に必要との指摘[矢守 2010]もある。また、このプロセスに関与する研究者には、「解答」よりも「解法」につながる知識を生産することが求められるという[平井 2022]。

学びが協働へと結びつくには、対話によるコミュニケーションが欠かせない。この点で、J・ハーバーマスが近代における社会的意思決定のあり方を把握するために提起した「公共圏(public sphere)」に、環境社会学は積極的な意義を見いだしてきた。ハーバーマスの示唆を受け、環境社会学における解決論にこれを応用した舩橋晴俊によれば、公共圏とは、人びとが対等な立場で政治的・社会的な課題や文芸作品について批判的な討論を持続的に行うような開放的な場の総体を指す[舩橋 2018]。舩橋は、社会における公共圏の充実/貧弱の程度が、その社会の問題解決能力を左右するとの見方に立ち、さまざまなアクターによって環境問題を解決するために繰り広げられる相互作用的な努力の総体を「環境制御システム論」としてまとめた[茅野・湯浅編 2020]。舩橋の環境制御システム論は、環境政策を担う行政と環境運動、および経済社会を担う諸主体の位置関係を、環境問題の発生から解決に至る段階ごとに子細にモデル化しようとするもので、新幹線公害や核燃料サイクル施設問題、グリーン・コンシューマー運動や再生可能エネルギー事業などの具体的事例に密着して構想されたものだ。舩橋は、公共圏とその構成要素となるアリーナや「公論形成の場」(本書第8章参照)が環境制御システムの中核をなすとし、また、その自覚的な集積をどのように進めていくかが環境問題解決の鍵だとした。

私たちは誰しもが社会的存在であることを冒頭で確認した。このことは、研究者も公共圏を構成する一員にほかならないことを意味するのだが、環境社会学者もこの存在論的意味を引き受ける[1]とすれば、学びと協働を促す対話の場やコミュニケーションに、どのように関与することができるのだろうか。次節では、いくつかの環境問題解決過程への私の関わりを紹介しよう。

3 環境問題解決過程への〈私〉の関わり

◆問題の構図をときほぐす――「土地問題」としてのメガソーラー問題

長野県諏訪地方に広がる霧ヶ峰高原は、大手家電メーカーのエアコンのブランド名で知られる。蓼科《たてしな》、白樺湖、美ヶ原《うつくしがはら》を結ぶ山岳観光道路ビーナスラインの中心に位置し、高層湿原や初夏に咲くニッコウキスゲなどが多くの人びとを引き寄せる観光地だ。この高原地帯と麓《ふもと》の集落との間にある約二〇〇ヘクタールの山林に、長野県内では最大の九二・三メガワットの大規模太陽光発電所(メガソーラー)が計画されたのは二〇一三年のことだった。事業者は東京の企業で、土地は近世から高島藩のお墨付きを得て山元として土地を管理してきた集落(諏訪市四賀《しが》の桑原・普門寺・細久保・武津の四集落、明治以前は旧上桑原村《かみくわばらむら》)の住民が戦後に組織した牧野《ぼくや》農業協同組合と共有地組合(双方ともに組合員は約二〇〇人で構成員も重なる)が所有する。組合は、メガソーラー建設の暁には先祖伝来の土地を事業者に売却する契約を済ませていた（写真10−1）。

この事業計画に対しては、建設予定地の下流に暮らす住民たちから反対の声が発せられた。その声はやがて全国の注目を集め、二〇一八年の秋頃には、事業に対する疑念の矛先が地権者にまで及ぶ兆しや、一部に太陽光発電そのものへの拒絶感に近い空気の広がりも感じられるようになった。こうした社会的亀裂の予兆に対し、私は霧ヶ峰一帯の環境史・開発史を構成し、現下のメガソーラー問題の根底にある「土地問題」としての性格を浮き彫りにすることを試みた［茅野 2020, 2022］。この歴史的アプローチは、環境社会学が環境史［鳥越・嘉田編 1984］という方法を有してきたことと、地権者の集落が私の父祖の地であったという個人的な事情が相まって可能となったものである。

写真10−1　霧ヶ峰のメガソーラー計画地内のカラマツ林（2020年7月）
撮影：筆者

江戸時代から霧ヶ峰一帯は山元集落の名を取って「上桑原山」と呼ばれ、近隣の集落も薪《まき》や草の入会《いりあい》利用を行い、生態学でいうところの「半自然草原」が広範囲に成立していた。明治以降の近代化はこの生活の糧としての草原や薪炭《しんたん》林の価値をさまざまに変転させた。大正期から戦前にかけ、低山では植林や鉄平石《てっぺいせき》の採掘事業が営まれ、高原ではスキーやグライダーなど草原を観光利用に供するようになる。高層湿原や草原群落の一部は天然記念物に指定され、観光地としての「霧ヶ峰」の名称が広く知られるようになったのもこの時期だ。戦後の農地改革を契機に一九四九年、約一三五〇ヘクタールの土地は各入会集落が設立した七つの牧野農協に分割された。江戸期以来の山元で、メガソーラー計画地の地権者である上桑原は、分割で最も多い六二四ヘクタールの土地を所有することになった。しかし上桑原は山元の立場ゆえ、高原地帯で確保した土地は祭祀遺跡や湿原など天然記念物が中心で、以後に到来した観光開発の時代には、それらを開発に供することはできなかった。低山の土地は林業や採草に麓から通ううえで好都合だったが、やがて農業は化学肥料が、畜産は輸入飼料が主流となり、林業は構造的不振に陥り、植林地や草原を維持する必然性が失われた。それでも今なお、地権者は境界の確認や土地の管理を組合員総出で行い(本書本扉参照)、固定資産税も負担し続けている。

隣の蓼科高原がいち早く別荘地開発に着手し、土地の売却益や賃貸料収入を得るようになると、一九六〇年代末には霧ヶ峰の高原地帯もビーナスラインの延伸で観光地としての色彩が鮮明になる。高原地帯の所有地を開発に供することが憚《はばか》られた上桑原は、その波へ乗り遅れた。一九七二年には大手商社へ低山の土地売却を企図したが、その頃には環境保全の意識が日本社会に広く芽生えていて、リゾート開発による自然破壊を懸念する声が下流域からあがり、事業者は撤退した。一九八〇年代末のバブル期にも、同じ土地で、同じことが起こった。メガソーラー計画は、五〇年近くにわたって「塩漬け」状態だった土地へやってきた三度目の開発構想だったのである。上桑原が、先祖伝来の土地をメガソーラー開発に供する判断を行ったのは、社会構造の変化に長年翻弄され続けた結果であり、そうせざるをえなかったともいえるのだ。

右の知見を論文にまとめ公表する作業と前後して、私はシンポジウムや新聞紙上で発言を求められるようになった。例えば二〇二〇年の年明けに地元の信濃毎日新聞が展開した連載記事「霧の先に」は、私へのインタビュー記事で始まった（写真10－2）。私は霧ヶ峰の環境史、開発史を概説したうえで、

> 諏訪市は、観光面などで霧ヶ峰の恩恵を受けながら、土地の管理は現地に任せきりにしてきたと言っていい。……上桑原牧野組合などの土地が置き去りにされてきた結果が、（賛否のある）メガソーラー計画という形で浮上してきたと言えるのではないでしょうか。市も、住民も、環境影響評価という制度の枠組みを超え、計画地を含めた霧ヶ峰一帯をどうするべきか議論する必要があります。……霧ヶ峰の価値を落とさないためにも、歴史を共有し、将来のビジョンを示していくことから始めなければならないと思います。(2)

と見解を述べた。以後一二回にわたった連載記事では、山林開発を伴うメガソーラーに懸念を示す住民や漁協組合長、酒蔵の若女将、専門家らが計画の問題点を多角的に語るとともに、それまでの報道ではヴェールに包まれていた、地権者の本音や苦しい胸の内が徐々に知られるように

諏訪地方
霧の先に
メガソーラー問題を考える 1

霧ヶ峰一帯 在り方議論を

信大人文学部准教授 茅野《ちの》 恒秀《つねひで》さん(41)

諏訪市四賀のメガソーラー計画は、地元を置き去りにした結果―と指摘する茅野さん

プロローグ 霧ヶ峰近くの計画 私の思い 1

事業者・ループの見解
計画地一帯を管理していく

写真10-2 連載記事「霧の先に」第1回
(「信濃毎日新聞」2020年1月7日)
画像提供:信濃毎日新聞社

なったのである。連載は「地域全体で改めて、霧の山に向き合わねばならない時期が来ている[3]」という言葉でまとめられた。この時点で事業は環境影響評価の手続きが進んでいたが、長野県の技術委員会から事業者に対して、防災対策などで厳しい指摘が相次いでいた。そして、事業の採算性が悪化したことを主な理由に、事業者は二〇二〇年六月に撤退を表明した。

地域社会は眼前のメガソーラー問題に大きく揺れた。これに対して、私が環境社会学者として解き、社会に対して説いたのは、先祖伝来の土地を所有し続けることに展望を抱けない「土地問題」と呼ぶべき問題構造の存在であった。環境史・開発史を基盤とすることによって、眼前の問題を乗り越えて、その先の問い――同じ地域社会に暮らしていながら別の「社会」を経験している人びとがいる可能性に思い至り、そうした経験の違いをお互いが理解しつつ、未来をよりよきものにするために話し合うこと――へと対話をつないでいく必要性が共有されることになった。

✺地に足をつけて解法を考える——薪ストーブ利用者の実像とは

長野県安曇野《あづみの》市では、二〇一五年から「里山再生計画」(通称、さとぷろ)が進められている。松枯れや野生動物問題が近年の地域課題となっており、これらを解決するために、市民による里山の資源利用を促すための仕掛けを豊富化しようとするものだ。市域に存在するすべての里山を対象とした行政計画は全国的にユニークで、私は計画の推進協議会長を務める。毎年秋の「あづみの里山市」にはＤＩＹ(Do It Yourself)を志向する市民が訪れ、里山産の木材が売り切れる活況を呈し、一年を通じて、地元猟友会が主催する「ハンターと歩く里山」などの里山体験企画が数多く打ち出されている。計画は五年を一期として、二〇二〇年からは第二期計画に基づく活動が進んでいる。

「さとぷろ」には、①薪資源の利用促進、②木材資源の利用促進、③人材育成、④里山の魅力発信の四つの柱が設定され、それぞれのプロジェクトに行政、市民、事業者が参画している。この中で当初から活動方針や活動内容をめぐって試行錯誤、紆余曲折が続いたのは薪資源の利用促進に関する活動(計画における名称は「木質バイオマス利用促進プロジェクト」)だった。薪ストーブ利用者による薪生産グループが新たに組織されたり、松枯れ対策として皆伐《かいばつ》されるアカマツ材を日帰り温泉で熱利用する試みが進められたりする一方で、取り組みの広げ方や活動のターゲット設定をめぐるメンバー間の論議はなかなか方向性が定まらず、私が議論を進行する市の計画推進協議会の場でも、コーディネーター役の市職員や参加する市民の報告等から「議論疲れ」の様子がうかがえた。

私がこの問題状況を前に抱いたのは、そもそも薪ストーブ利用者は安曇野での薪ストーブがある暮らしをどう評価しているのか、という問いだった。個々人や薪ストーブ販売業者の「経験談」が議論で引き出されることはあっても、薪ストーブ利用者という人びとの実像は、顔の見えない「不特定多数」といってよい状況にとどまっていたのである。そこで二〇一九年、私は学生とともに市内の全住宅を対象に、薪ストーブの煙突の有無を目視で確認し、煙突のあるお宅に調査票を投函して返送してもらう調査を実施した。人口約一〇万人、四万世帯を対象とした全住宅の目視調査は苦難の道のりだったが、四か月をかけて市内をくまなく歩き回り、薪ストーブのある家の所在を住宅地図にすべて書き込むことができた(写真10―3・10―4)。

調査結果は実に興味深いものとなった。まず、市内で薪ストーブのある家は一六〇〇軒強で、世帯数の四%程度とわかった。半数の約八〇〇軒から調査票を回収でき、薪の利用に関する膨大なデータを得たが、薪ストーブのある暮らしは巷《ちまた》のイメージほど優雅なものではなかったのである。薪ストーブ利用者は移住者が中心で、多くは山林を所有しているわけではない。このため、自ら山に入って薪材を入手できる世帯は全体の二割にとどまる。残る八割は原木をどこかから手に入れて薪を割ったり、完成品の薪を購入している。薪は乾燥させる必要があるので、利用者は常に来年、再来年の薪を円滑に調達できるだろうかと気が気でない。果樹栽培が盛んな地区では剪定枝《せんていし》が飛ぶように引き取られていくことや、河川管理者(国交省や県)が河川敷の樹木を伐採する際にはいつも軽トラックの長蛇の列ができるなど、薪資源は「奪い合い」の状態にあるといえた。むろん、薪の価格高騰に悩む家も少なくない。ある回答には「これ以上薪ストーブ利用者が増えれば薪の調達がどんどん難しくなる」と、率直な心境の表明もあった。薪の「利用促進」という政策課題は、利用者からすればいかにも無邪気なものと映りかねないメッセージだったのだ。

　こうした薪ストーブ利用者の「苦悩」が垣間見える一方、その暖かさや炎に魅了されると、もう他の暖房器具は選べないと語る自由記述も数多かった。何より、安曇野市内だけで一年間に九〇〇〇立方メートル近い薪が消費されているという事実がつかめたことは大きかった。この調査結

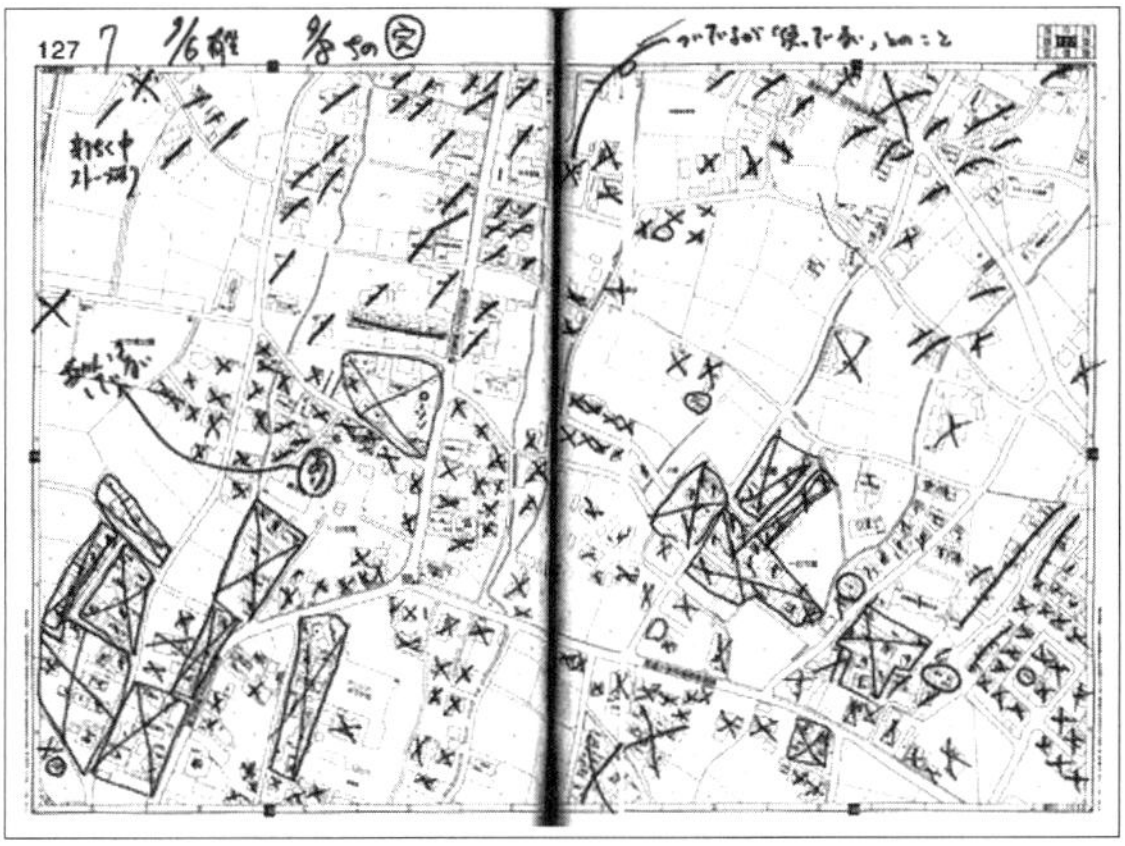

写真10-3　現地踏査に用いた住宅地図と目視調査の記録
撮影：筆者

写真10-4　安曇野市内での薪ストーブ調査（2019年9月）
撮影：筆者

果を私がプロジェクト会議に持ち込んだ結果、会議は徐々に、市外から薪や原木を購入している人をいかに地産地消のサイクルに引き込むか、自ら薪をつくる技術に乏しい人びとに（安全管理を含めた）技術をいかに浸透させるか、手入れ不足の里山を所有している山主と薪生産に関わりたい人びとを引き合わせるにはどうすればよいのかなど、今ここにいる薪ストーブ利用者の悩みに応える活動へと焦点が定まるようになった。さとぷろが第二次計画へ移行した際、プロジェクトは「里山まきの環《わ》プロジェクト」と名称を変え、薪づくり体験会などの企画を実施したり、野生動物による農作物被害が生じている地区の森林で薪生産を行うための検討を進めている。

私は、さとぷろの推進協議会長として、市民、事業者、行政による論議を交通整理する役目を負っている。それだけでなく研究者として私が試みたのは、一〇万人規模の自治体を対象に薪ストーブ利用者の実像を解明するという最前線の研究課題への取り組みを通じて、薪資源の利用促進政策に関わる市民や行政が対話を進めるための、共通の知識基盤を構築することであった。全数調査の過程で私が獲得したのは科学的な知識だけでなく、例えば「〇〇通りの信号の先に三軒並んでいる家の〇〇」などのように具体性を帯びた、住民の生活に密着した知識を含む。住んでいるわけではないけれども、市内の状況を詳《つまび》らかに把握している私の立場性は、停滞していたプロジェクトの進むべき方向性を浮かび上がらせるうえで効果的に作用したと考えている。

◆多元的な価値を明示して背中を押す——「おもしろい」相乗りくん

長野県上田市では、ＮＰＯ法人「上田市民エネルギー」が市民共同設置型の太陽光発電事業を進

写真10-5　「相乗りくん」最初の屋根（2012年11月）
写真提供：上田市民エネルギー

めている。上田はかつて養蚕《ようさん》が盛んだったため大きな家屋が多い。晴天率が日本全体を見渡すなかで高く、太陽光発電に適している。「広い屋根を存分に活用して太陽光発電を拡大するには」――、市民の有志が編み出したのが、住宅や事業所の所有者だけでなく市民が設置費用を負担し合うことで、屋根に余すところなく太陽光発電パネルを設置する仕組みだ。屋根オーナーにとっては初期費用ゼロでの設置も可能となる。皆で屋根に〝相乗り〟することから「相乗りくん」と名付けた（**写真10−5**）。

二〇一一年、福島第一原発事故直後に始まった相乗りくんは、二〇二三年一〇月の時点で上田市を中心に長野県内に七三か所、合計で一メガワットに届きそうな規模に成長した。パネル設置費用を信託という形で出資した市民は延べ三〇〇人を超え、信託金は一億八〇〇〇万円を超える。一口一〇万円からと小口の出資が可能になっているとはいえ、出資のリスクもあるなかで参加者は着実に集まっている。二〇一五年から「自然エネルギー信州ネット」という団体の理事を務める私は、NPOの理事長を務める藤川まゆみさんとの対話を重ねているうち、屋根オーナーやパネルの設置費用を出資するパネルオーナーが順調に増えているものの、その分、個々の参加者とのやりとりに十分な時間を割けなくなってきたという悩みを聞くようになった。ここまでの広がりを支えてきたのは参加者との丁寧なコミュニケーションだという手応えもあったが、太陽光発電の量的拡大を進めるには運営体制拡充や効率化も必要となる。活動の岐路を迎えているともいえた。

私はここでも、藤川さんの了解を得て、相乗りくんの屋根オーナー一四人、パネルオーナー二八人に、二〇一七年の一年をかけて聞き取り調査を実施することにした。参加のきっかけやモチベーションも多様だったが、多くの人が相乗りくんを「おもしろい」と語る、その理由や切り口が実に多様だったことには驚いた。ある人は「脱原発のために、自分にもできることがあった」と語り、別の人は「すごく儲かるって話ではないけど、思っていたより売電収入が多いです」と微笑みながら、「この仕組みを市民がつくったのがすごい」と胸を張る。自身が〝相乗り〟している屋根のオーナーに会うことを楽しみに、わざわざ上田を訪れる首都圏在住のパネルオーナーもいる。移住して間もないパネルオーナーは「新しいつながりができ、地域に自分が根づいてきたと実感」する。自身を理科少年だったと振り返る屋根オーナーは、発電量を毎月計測しNPOに報告する作業を楽しみにしている。

実はそれまで、発電量の定期報告を「負担だ」とNPOに申し出る屋根オーナーもいたので、参加者が「おもしろい」と感じるポイントがこれほど多様とは、藤川さんにとっても発見だったという。参加者はむしろ相乗りくんの複雑な仕組みの中に、自らが「おもしろい」と感じるポイントを積極的に見つけ、自分なりの「相乗りくん」像を明確にしていた。私がNPOの総会で報告した調査結果は、NPOが進む道を「これでいい」と確信する機会となったようである。そして、太陽光発電が人びとの縁を紡ぎ、一つのコミュニティの形成につながっていることに手応えを得た藤川さんをはじめとする上田市民は、建物の断熱や交通まちづくりなど、脱炭素社会への転換に必要な他のテーマにもさらに活動を広げて「上田リバース会議」という新たなアリーナを生み出している。

藤川さんとの継続的な対話をきっかけにして、私は相乗りくんの活動を「診断」する役割を担うことになった。いわば「問診」を重ねることで発見した「おもしろい」というありふれた言葉に込められた多様な意味は、運営事務局と屋根オーナー、パネルオーナーの日常的な距離感の間では発見することができなかったかもしれない。

4 知が社会と交じり合う——公共圏の「活性化」の含意

前節で紹介した三つの事例は、環境問題解決過程の段階論的な見方に即せば、①政策課題設定の前段階［脇田 2009］、②政策課題設定後の「解法」、③活動の「評価」（本書コラムC参照）をめぐる議論に大別することができる。霧ヶ峰における私の試みは、眼前のメガソーラー問題を根底で規定する土地問題の性格を明らかにすることで、地域社会が向き合うべき問いを立て直そうとするものであった。安曇野においては、薪ストーブ利用者の実像を解明することで、里山再生の手段としての薪の利用促進政策のステークホルダーを可視化し、取り組みの具体的な軌道を明示することにつながった。上田では、市民が共同で設置する太陽光発電事業に参加する人びとが大切にしている価値を、当事者の経験を踏まえて言語化することで、相乗りくんという一つのコミュニティがこれからも前に進む、その背中を押してみようとした。

私が展開した三つの研究／実践は、環境史、現地踏査と量的調査、聞き取りによる質的調査と、調査手法がそれぞれ異なる。だが共通するのは、研究者として現場に分け入り、当事者の地平に立つことで見える等身大の環境と社会の問題・課題に向き合い、ステークホルダーとともに状況分析やその変革に取り組むアクションリサーチ［矢守 2010］という方法である。アクションリサーチの過程では、研究という営為そのものが、研究者だけでなく多くの人びとの学びの素材となる。研究成果は一方通行の報告書や論文としてだけ存在せず、それをもとに対話やコミュニケーションを促すことができる。問題や課題に関わる人びととの実像を浮かび上がらせ、その関わりを具体的に突きつめていくことは、新たな協働の必要性を説得力ある形で示すとともに、協働の場の〝解像度〟を高める。環境社会学の知が社会と交じり合う瞬間とは、環境社会学者が問い、解き、説くことを通じて、複雑な問題を「みんなで解く」作業へ参与していくプロセスなのである。このプロセスが駆動できる場が、公共圏と呼ばれるものなのだろう。

こうした環境社会学の原論的問題構成は、M・ブラウォイが提起した公共社会学の構想［Burawoy 2005］に通ずる。土場学は公共社会学を「社会学の土台にある価値を公共圏の中で開示し、そこでの民衆との対話と協働を通じて、そうした諸価値にもとづく社会を構築しようとする社会学」［土場 2008: 52］と説明するが、公共社会学としての環境社会学の役割は、今後ますます探求されていく必要がある。ただし私のみるところ、環境社会学の公共社会学としてのポテンシャルを十全に発揮するためには、「現実の社会問題(公共的問題)の解決を志向する実践的な研究営為」[土場 2008: 53]とされる政策社会学のさらなる自覚的集積が必要である[茅野・湯浅編 2020]。

5 環境社会学者の役割の複合性

環境社会学者が、環境問題を「みんなで解く」作業へ参与していくプロセスの中で果たすことのできる役割は、これまでの検討と私の経験を踏まえると、以下の七つに整理できるだろう。第一に、専門的な知識を用い、また新たな知識を生産することによって問題を分析するアナリストとしての役割。第二に、問題の構造や解決に向けた取り組みの全体見取り図を描き、アクター同士の関係性を明らかにして協働を促すオーガナイザーとしての役割。第三に、協働の現場でしばしば生じがちな、アクター間の思惑の行き違いや対立を仲裁するメディエーターとしての役割。第四に、複数のアクターが集う場での合意形成や意思決定過程をサポートするファシリテーターとしての役割。第五に、時間軸や空間軸のスパンのとらえ方や物事の価値評価などに現れる言葉や文化の違いを、翻訳して場に提示するトランスレーターとしての役割。第六に、多くのアクターに関わる共通の知識基盤を提示することで、やがて(雑多な相談を含めて)情報やコミュニケーションが集積していくプラットフォーマーとしての役割。そして第七に、問題解決に向けた現在地点を示し、進むべき道や方向性を提案するナビゲーターとしての役割。

これら七つの役割は、いずれも環境社会学の知の特性を反映したもので、個々に定立可能というより、一つの役割がまた別の役割を可能とするような複合的な特徴を持つ。

公共圏の活性化に寄与しようとする環境社会学者は、自らの研究課題を遂行しようとする研究者としての立場のみから環境問題に接近するわけではない。より広い意味での「有識者」や「専門家」として協働の場へ招かれることもあるし、住民としての地域との結びつきや関心が決定的な意味を持つこともある。私の上田での関わりは、社会変革を志向する市民団体に参加して何らかの役を引き受けたことがきっかけとなった。霧ヶ峰は自身の父祖の地で、地縁の自覚があるがゆえに地域の問題に関わる私なりの必然性が生まれた。本章で紹介した事例以外でも、私は、長野県松本広域の産学官のアクターが連携して脱炭素社会づくりを進める「松本平《まつもとだいら》ゼロカーボン・コンソーシアム」の運営委員長などを務める。二〇年前に私が事務局となって立ち上げた一万ヘクタールの国有林の生物多様性保全を通じた地域再生を目指す「赤谷《あかや》プロジェクト」を起点に、群馬県みなかみ町《まち》との関わりも、長く続いているものだ。

研究者の役割を抑制的に定め、〝純粋〟に研究上の関心に沿って対象へアプローチすることももちろん可能である。ただ、そうした対象との関わりは、前述のように人びととのコミュニケーションを必然的に伴うので、やがて一定の社会関係に巻き込まれる可能性が高い。これを〝不純〟ととらえ、切り離すことは難しい。R・K・マートンの古典的な社会学理論で知られるように[Merton 1957＝1961]、地位群と役割群の複雑な網の目の中に私たちの社会的存在は定位されるからである。むしろ私たちは、複数の役割を自らの内にストック(4)しておくことによって、またそれらを刻々と変化する問題状況のなかで戦略的に組み合わせ、繰り出すことによって、効果的に社会と交じり合い、問題解決を前進させることができる。

かつて私の同僚だったある火山学者は、自身が勤務する岩手県内で、活火山として観測の対象となっている岩手山《いわてさん》の観測状況評価から防災教育までを一手に担う自らの役割を「ホームドクター」と評していた。環境問題の複雑さを捨象することなく問い、現場に軸足を置きながら解こうとする環境社会学の知的実践の担い手である環境社会学者にも、環境と社会の複雑な関係が織りなす多くの現場で「ホームドクター」としての役割を果たす道が開かれているだろう。

註

(1) あらかじめ研究者の立場性(ポジショナリティ)に関して留意を述べておくと、社会を外的視点から観察することで客観的な認識が可能となるという前提を置く研究者がいることを否定しない。また、現実に生じている社会問題や、価値判断を伴う政策に対してどのように距離をとるかは、あくまで研究者個々人の判断によるもので、何らかの画一的な基準があるわけではない。

(2) 「信濃毎日新聞」二〇二〇年一月七日(諏訪版)。

(3) 「信濃毎日新聞」二〇二〇年三月四日(諏訪版)。

(4) 「環境社会学者が環境社会学者のみならず、いろいろな手持ちの役割ストックを持っておくことはひとつの武器になるかもしれない」との指摘を私にくださったのは、北島義和氏である(『環境社会学会ニューズレター』第四七号、二〇〇八年九月一七日)。

終章

小さな単位から出発する環境社会学の問題解決

宮内泰介・三上直之

1 環境問題における複雑さとは何か

改めて、環境問題における複雑さとは何だろうか？

例えば一見わかりやすそうな獣害問題一つとっても、第4章で鈴木克哉が説いているように、実は相当に複雑な問題である。獣害問題は、畑が動物に荒らされるという直接的な被害を超えて、大きな広がりを持った問題である。獣害をどう認識するのか、どう受け止めるのかについても、地域住民や利害関係者の間で多様である。さらに鈴木が強調しているように、現場では獣害問題だけが単独に存在するのではなく、地域の存続、あるいは地域の再生といった課題全体の中に埋め込まれた形で存在している。被害実態の多様性とそれについての認識の多様性が重なって、獣害問題は「複雑な問題」となっているのである。

第1章で熊本博之は、沖縄・辺野古《へのこ》の米軍基地建設計画問題について、どこから見るかによって「問題」が違ってくるさまを描いている。日本政府にとってはそれは国防問題だが、沖縄県にとっては自治の問題であり、そして辺野古住民にとっては生活の問題である。さらに、辺野古住民にとっての「生活の問題」も、現在の生活にとっての問題のみならず、歴史的な生活の積み重ねと、外部的な条件とが重なり合った複雑な「生活の問題」である。

第5章で脇田健一は、琵琶湖流域における「農業濁水問題」を挙げて、どのスケールで考えるかによって問題の性質が違ってくることを指摘している。濁水問題は、農村集落という小さなスケールで考えると、濁水を引き起こす人と被害を受ける人とが同じ、ないし重なり合う問題だとみることができる。一方、個々の集落を含む地域社会のスケールで考えると、農業者が加害者、漁業者が被害者と、加害／被害が分かれる問題となる。さらにマクロなスケールで考えると、「農業濁水問題」は、琵琶湖全体の生態系を悪化させる大きな「環境問題」となる。

このように、環境問題は常に多層的であり、また、他の問題とともにあちこちに埋め込まれた形で存在している。さらに、そこに不確実性が何重にも埋め込まれている。また、どこから見るかでも問題のありようは違っており、加えて、それぞれの立場は平等ではなく不均衡さが存在している。

そのため、多くの「環境問題」は、どこからどう解決すればよいのか難しく、もっといえば、何がいったい解決なのかもはっきりしない「やっかいな問題」である。本書の各章は、どれをとっても、環境問題のそうした複雑さを浮き彫りにしている。

環境社会学は、このように複雑な環境問題が、どのように現れ、どう人びとによって経験されるのかを明らかにし、そこから、どう解決すればよいのかを模索する学問である。

2 小さな単位から始める

現場で複雑に入り組んだ問題に対し、「地球環境問題」の枠組みをストレートに適用して解決しようとすると、そこには大きなゆがみが生じかねない。本講座の各巻でさまざまに議論されたように、「脱炭素政策」が社会的な不均衡を助長してしまう、「自然保護政策」が人びとの生活を抑圧してしまう、そうした危険に私たちは十分目配りしなければならない。第5章で脇田が「農業濁水問題」を論じながら警鐘を鳴らしたのも、専門家が「鳥の目」でとらえた課題を一方的に地域に持ち込み、地域の人びととの間に「支配—従属」関係を生み出してしまう危険性であった。

では、どうすればよいのか。

この問題に対して、環境社会学が基本的なアプローチとしてきたのが、小さな単位から出発することである。第7章で丸山康司が的確に指摘しているように、複雑な問題の解決策を大きな社会で合意しようとするのは難しくても、小さな社会であれば、問題解決の糸口はつかみやすい。小さな単位であれば、論点も限られ、また、たとえ考えの違いがあっても「結果」で合意できればそれでよい。「小さな単位」というときの「単位」は、空間的な単位であり、社会的な単位である。さらには、時間的な単位でもある。なるべく小さなコミュニティ単位で解決しようとすること、時間もいきなり長期で考えるのではなく、比較的短い期間に区切って順応的に問題解決へ向かって歩むことが鍵になる。

これは、対象を細かく切り分けることで問題を解こうとする還元主義とは異なる。地域コミュニティなどの小さな単位には、独自の環境と人びとの営みがあり、それらが相互作用するなかで、「多元的で多様性に富む意味世界」(第5章)が広がっている。つまり、ここで注目する「小さな単位」は、それ自体が一定のまとまりを有した全体である。

環境社会学の探究や実践が、「まず現場から、まず人びとの生活から」という視点を基盤に据えてきたのは、この小さな単位を重視した問題解決を目指すからであった。それは、外から持ち込んだ枠組みに「現場」や「生活」を従属させるのではなく、それ自体が全体性を持った小さな単位での人びとの営みと環境との関わりや、そこに生まれる意味世界を起点とし、絶えずそれらに応答する解決のあり方である。

その意味で、小さな単位の重要性は、第一に、決定権の問題にある。大きな単位をカバーする専門家や行政に吸い上げられてきた決定権を、可能なところでは、小さな単位に生きる人びとが取り戻していく。そうして小さな単位に決定権が付与されれば、そこで解決へ向けての試行錯誤が可能になる。逆にいうと、決定権がなければ小さな単位の重要性は激減し、したがって、解決へ向けてのプロセスは閉ざされる。第1章で熊本は、この決定権が辺野古集落という小さな単位から奪われてしまっているために、生活を守る目的で行った選択がかえって長期的には生活を破壊してしまうジレンマに陥っていると論じている。小さな単位にできる限り決定権を付与することが、問題解決のための必須条件となる。

第2章の「林業を始める若者たち」の活動に関する家中茂の報告は、小さな単位が問題解決の起点となりうることを、より直截的に伝えている。家中によれば、自伐型林業を担う青年らの仲間集団・互助組織である「智頭《ちづ》ノ森ノ学ビ舎」は、自治体や村落・町内会などとは異なる「ボランタリーな生活組織」として、メンバーが支え合いながら生業を創出し、それが地域の林業、生活の持続性を支える力にもなっている。

もともと「やっかいな問題(wicked problems)」という呼び名は、一九六〇~七〇年代の米国において、公共政策上の課題が複雑さを増すなかで生まれたものであった。この語を初めて本格的に取り上げた論文[Rittel and Webber 1973]には序章でも触れたが、この論文は、やっかいな問題の特徴として一〇の項目を列挙していた。今でもしばしば言及されるそのリストの一番目と二番目には、「問題を確定的に定式化できない」「問題の終わりを決めるルールがない」とある。

それまでは、問題の定義も解決のルールも、政策決定者や専門家が考える効率性や公平性を基準として、ほとんど一方的に決められていた。しかしこの時期、そもそも何が問題であり、どうすればそれが解決したことになるのかという定義自体を、自らの手に取り戻そうとする動きがさまざまな分野で高まってくる。環境の分野でも、政策決定者らが「解決」の方法として導入する新たな技術や計画が、さらなる汚染や生活環境の悪化、健康へのリスクといった問題を生み出す状況が出現し、人びとの異議申し立てが活発になった。日本で公害や環境問題に対する住民運動が盛んに起こったのも、ほぼ同時期である。

小さな単位に決定権を付与するだけで、複雑な問題のすべてが解決に向かうわけではないが、小さな単位を重視するというアプローチの意味は、まず何よりも問題解決に関わる権限を、できる限り「現場」に戻すというところにある。

3 順応性とコミュニケーション

小さな単位から考え始めることには、問題解決を進めるうえでさまざまな利点がある。ここでは、とくに重要な「順応性」と「内発的な創発性」の二つに注目したい。

まずは、順応性(adaptability)の発揮である。順応性とは、そのつどの状況に合わせて解決策を繰り出し、その結果を受けて、また新たな解決策を考えて試みる姿勢や、そのための能力を指す。順応性を発揮するには試行錯誤が欠かせない。そして、それは小さな単位でこそ可能になる。やっかいな問題は、一発で「解く(solve)」ことはできず、われわれにできるのは「繰り返し解決する(re-solve)」ことだといわれてきた[Rittel and Webber 1973]。複雑な問題の解決とは、解決のプロセスを不断に生み出すことである。

ちなみに、先に触れたやっかいな問題の一〇の特徴リストでは、「試行錯誤から学ぶ余地はなく、問題解決のあらゆる試みは重大な結果を引き起こす」とも述べられていた。複雑な問題をそのまま大きな単位で解こうとすれば、この警告が当てはまるケースも多いかもしれない。しかし、小回りの効く小さな単位での試行錯誤は、その限りではない。小さな単位から出発することは、この半世紀余りの間に、複雑な問題としての環境問題に取り組むなかで培われた一つの知恵だともいえる。

第9章で青木聡子は、名古屋の「反原発きのこの会」が、芦浜原発反対運動の中で、建設予定地の漁業の衰退を目の当たりにし、漁業者を支える活動に自らを順応的に変化させていったこと、さらに、その取り組みの中身も、漁業者の負担軽減のために、生魚の扱いから干物の扱いへと変化させたことを描いた。支援者と地元民の間という小さな単位での具体的な関わりのなかでこそ、そうした順応性を発揮することができたといえるだろう。反原発運動とは何を目指す運動なのかを、比較的小さな単位で模索したからこそ、原発を止めたその先を見据えた取り組みが生まれ、継続したのである。

いきなり大きな単位で考えると、順応性が失われ、問題を単純に見て単純な解決を志向し、そこから抑圧や不平等が生まれ、さらには当該問題の解決さえも難しくなってしまう。そういうことがしばしばある。

順応性の大事さは、他の章でも議論された。第4章で鈴木は、獣害問題の解決に一律の解決策はなく、それぞれの地域で試行錯誤しながら順応的に解決するしかないと説いた。現場の問題解決の重要なアクターとなった鈴木は、その経験から、「求められるのは、地域の多元的価値や多声性、複雑性にどこまでも寄り添いながら試行錯誤していく力である」と述べている。

複雑な問題の解決に、なぜ順応的な試行錯誤が有効なのだろうか。その一つの答えは、コミュニケーションを生むからである。

第3章で森久聡は、複層的な問題が入り交じった鞆《とも》の浦《うら》の歴史的景観の保全問題とまちづくりの課題について、各ステークホルダーが地域内での話し合いを重視しながら事を進めたからこそ、解決が導かれたさまを描いた。行政や外部の専門家もステークホルダーであったが、あくまで地域内での「話し合い」に価値を置いた解決策が模索され続けた。第2章で家中は、人びとが交わす何気ない会話の中にこそ、地域が持続し再生するための条件が含まれていることを指摘していた。そうした「小ネタ」が生まれる場として、「智頭ノ森ノ学ビ舎」でも対話形式のサロンが開催されて、その後、町内で他にも語り合いの空間が相次いで生まれたという。順応的な試行錯誤のなかで、コミュニケーションの場が確保され、そこで対話が続けられることが、問題の解決や地域の持続性を導くのである。

コラムBで山下博美は、実家がある高知県内の港町で進む防潮堤建設計画に関して、山下自身が関与して、話し合いの場を設ける試みを続けたところ、新たな人間関係が生まれたり、住民間や行政に対する信頼の向上の機会が見いだされたりしたことを報告している。防潮堤設計への住民意見の反映は「道半ば」だというが、ここにも小さな単位における「コミュニケーションの豊富化」の可能性がみられる。

青木は第9章で、漁業を支えようとする運動に変化していった「反原発きのこの会」の試みについて、運動の葛藤や戸惑いをニューズレターで共有したことが大事だったとも強調している。順応的に変化させながら運動を進展させることと、オープンなコミュニケーションを続けることとは、互いに補完的な営みである。青木が葛藤や戸惑いなどの「弱さを開示することの意義」を強調しているとおり、このコミュニケーションは、単に情報を交換するコミュニケーションではなく、信頼や共同意識を醸成するコミュニケーションである。

4 内発的で泥臭いイノベーション

小さな単位から出発するもう一つの利点は、内発的な創発性(emergence)を生むことである。

第10章で茅野恒秀が紹介していた、屋根上への太陽光パネル設置の活動「相乗りくん」の事例を思い出してみよう。全国的にみても晴天率が高い長野県上田市やその周辺で、かつて盛んだった養蚕業の名残である大きな家屋の屋根を活用し、物件の所有者や市民が広く出資して太陽光パネルを設置する取り組みである。十数年間で延べ三〇〇人以上の市民が一億八〇〇〇万円を超す信託金を寄せたこと自体、目を見張るものがあるが、興味深いのはその展開の過程である。屋根や資金を提供するオーナーが活動に意義を見いだすポイントは「売電収入」や「脱原発」のほか、地域での「新しいつながり」、事業が市民主導の取り組みであることなど、実に多岐にわたることがオーナーへの聞き取り調査で明らかになった。この結果が活動にフィードバックされて、エネルギー転換の取り組みが人びとのつながりを豊かにするという活動のアイデンティティが明確になり、地域において脱炭素社会への転換を議論する場の形成にも結びついた。ここには、地域での活動や交流のなかから、内発的に新たな知見や価値が見いだされ、それが問題解決のためのさらなる活動に結びつくという創発のプロセスがある。

第6章で佐藤哲は、途上国において貧困層の日常生活の場に科学者が「お邪魔」して、柔軟な対話を繰り返すことで(「生活圏における対話型熟議」)、人びとの側からの内発的イノベーションが生まれることを報告している。アフリカのマラウイの村では、住民側が提案した場所に人工漁礁を設置して、貧しい層の食料源とすることができた。同じマラウイの別の村では伝統的な首長を中心とした自主的な資源管理があり、それが外来の専門家との協働でどんどん進化している。小さな単位でのコミュニケーションを軸に、順応的なプロセスを踏むことによって、創発性が喚起されたのである。

岩井雪乃のコラムAでも同様のことが報告された。岩井は、タンザニアでゾウの獣害対策を試行錯誤するなかで、科学的な裏付けとともに外部から持ち込んだ試みが地域にうまく適合せず、結局のところ、住民たちが提案したワイヤーフェンスが効果を発揮した話を挙げている。住民と対話しながら試行錯誤を積み重ねることで、この方法を見つけたのである。

第4章で鈴木は、獣害問題の枠組みやアプローチを変革しながら問題解決する仕組みの開発(ソーシャル・イノベーション)を報告している。鈴木は、自身が中間支援団体として、地域ごとの多様な価値を吸い上げ、「お米づくりのオーナー制度」「オープンフィールド」など、地域内外の人材が喜んで関われるような仕組みを編み出して、実践した。

これらの事例が示しているのは、小さな単位に、専門家や支援者など外部から何らかの仕掛けが入り、そのことによって、内発的な創発性が喚起されるということだ。そのどれもが、何か汎用性のある解決策を生み出したのではなく、それぞれの地域に即した、きわめて泥臭いイノベーションの繰り返しであることを示している。

5 散在する問題の間をつなぐ

小さな単位で小さなプロセスに分割しつつ、コミュニケーションを豊富化させることによって泥臭いイノベーションが生まれ、解決へ向けた試行錯誤の繰り返しが生まれる。環境社会学とは、問題とのそのような向き合い方を、当事者として、あるいは、当事者に伴走しながら行う営みそのものであり、また、そこから生み出される知識や技法である。

しかし一方で、丸山（第7章）が議論しているように、環境問題は「やっかい」なだけでなく、「原因と結果が時間的あるいは空間的に拡散している課題も少なくない」。問題の「拡散」は、本講座第1巻でも議論されている難しい課題である。第1巻『なぜ公害は続くのか』では、公害の「被害は持続するほど潜在化し、そのことが散在化に追い討ちをかける結果、被害は見えにくくなって（不可視化されて）しまう」［藤川・友澤 2023: 21］と論じられた。環境問題は、空間的に散在するだけでなく、時間的にも散在する。問題が散在化して見えにくくなっているなかでは、小さな単位での取り組みに加えて、何かが必要になってくる。そこで、環境社会学は、そのように散在化した問題の間を、「知識の相互作用」によってつなごうとする。佐藤（第6章）は、そのような役割を担う者を「知識の双方向トランスレーター」と呼んでいる。

第1章で熊本は、辺野古の住民たちがなぜ普天間《ふてんま》基地代替施設の建設を条件付きで受け入れたかを、彼らの生活の論理にまで降りて理解し、それを伝える。そして同時に、辺野古の人たちが現状を問い直す際の材料となるような知識や情報を研究成果として提供する。さらに、『『生活』の論理に基づいた『解決』のあり方について、辺野古の人たちと探っていくこと』が環境社会学者としての役割だと熊本は論じる。まさに、さまざまなレベルの知識を相互作用させる核になるのが環境社会学者の役割だというのである。

茅野も第10章で、環境社会学が環境問題の解決過程に果たす役割を論じる文脈において、「知が社会と交じり合うことで問題解決が前進する」というあり方を提示していた。例として茅野は、長野県の霧ヶ峰高原におけるメガソーラー建設計画の問題をめぐり、根底にある「先祖伝来の土地を所有し続けることに展望を抱けない」という「土地問題」と呼ぶべき構造を環境史の方法で解き明かすとともに、その成果をシンポジウムの場や新聞紙上でも発表し、議論に還元した経験を報告している。また長野県安曇野《あづみの》市においては、薪ストーブ利用者の悉皆《しっかい》調査を行い、住民生活に密着した視点から薪利用の課題を明らかにし、地域における薪資源利用の政策を議論する基盤を提供したという。

6 知識の相互作用の場をつくる

知識の相互作用としての環境社会学は、一つには、「知識の双方向トランスレーター」としての役割を担おうとする。そして、もう一つには、知識の相互作用の「場」をつくろうとする。いわば、自分が行ったり来たりして伝え合うか、場をつくって伝え合ってもらうか、である。

第5章で脇田は、一つの流域に大きなスケール（流域全体）から小さなスケール（集落）までが重層的に存在しているなかで、専門家の知識と人びとの知識をつなぎ合わせる試みを行っている。そのなかで、大きいスケールでの価値を小さいスケールでの価値に読み替えたり、その逆を行ったりしながら、流域全体の持続性を保とうとしている。脇田がこの試みの中で提起した「地域活動」「しあわせ」「生物多様性」「栄養循環」の「四つの歯車」仮説は、まさに知識の双方向トランスレーションのための標語のようなものだと理解できる。

第7章で丸山が取り上げた再生可能エネルギーに関わるゾーニングも、知識の相互作用の場づくりだったといえるだろう。丸山は、秋田県にかほ市で、再生可能エネルギー事業の適地を抽出するゾーニングに実践的に関わった。そこでは、地域の中の多様な関心（生物多様性、景観、地域づくりなど）を、インタビュー、ワークショップ、アンケートなどの多様な手法で表現してもらい、それを再生可能エネルギーの適地抽出のマッピングという形でつないでいった。マッピングは、つなぐため、コミュニケーションのためのツールだったのである。

菊地直樹がコラムCで紹介している、環境活動の「見える化」ツールとそれを用いたワークショップは、同様の場づくりやツールの典型例である。「解釈の違いを顕在化させ、議論を深め、改めて参加の意味を問い、発展させていく」ことがねらいとされていて、ここでも途絶えることなく解決プロセスを駆動させることが積極的に意図されている。

第8章で三上が描いたミニ・パブリックスの試みも、グローバルな問題と人びととの多元的な価値をつなぐ、知識の相互作用の場づくりだった。脱炭素というグローバルに合意された目標が存在するものの、それを具体的にどう進めていくかについてはさまざまな選択肢がある。そこはそれぞれの国や地域で合意形成して決めていくしかない。「気候市民会議」は、そうした大きな課題と地域の人びとをつなごうとするものである。それは決してグローバルな価値を地域に押しつけるものではない。むしろ、三上はこうしたミニ・パブリックスの意義が、「意見の対立をはじめとした問題の複雑な様相をあぶり出し、試行錯誤を通じてそれらに向き合う契機を生み出す可能性を示す」ものだと論じた。知識の相互作用もまた、順応性を持ったプロセスなのである。

嘉田由紀子はコラムDにおいて、長年培ってきた環境社会学の知見と人間的な信頼関係が、滋賀県知事としての政策判断や公論形成への働きかけに役立った経験を振り返っている。ここにも、知識の相互作用を促すことで問題解決のプロセスを生み出そうとする環境社会学の知のありようが表れている。

このように、問題解決のための環境社会学の役割は多面的である。環境社会学者、あるいは環境社会学のマインドを持った者が環境問題の解決に携わろうとするとき、「謙虚な科学者」(第6章)として、あるいはアクティブな当事者として、問題のステージに応じてさまざまな役割を果たしうる。コミュニケーションの豊富化を仕掛ける人、試行錯誤によるイノベーションを促す人、知識の相互作用を担う人。そうした複数の役割を順応的に担いながら、問題解決に参画すること、問題解決のプロセスを駆動すること、それが環境社会学の大きな役割である。

編者あとがき

環境社会学は批判性と実践性の両面を持った学問である。『シリーズ 環境社会学講座』全六巻の最終巻に当たる本書は、環境社会学の実践的な側面を前面に出して編んだ。

批判的な側面については、本シリーズの他の巻が、それぞれに力を入れて論じている。例えば第1巻『なぜ公害は続くのか』は、「公害は終わっていない」という現実、すなわち因果関係や加害を生み出す構造が不可視化され、曖昧にされ、被害が見えにくくなっている状況を描き出すことで、「公害は終わった」という社会に広く流布した見方を根底から問い直した。第2巻『地域社会はエネルギーとどう向き合ってきたのか』は、化石燃料や水力、原子力の大規模・集中的な開発と利用に伴ってリスクを偏在化させてきた構造を、主に地域社会の視点から明るみに出し、今後のあるべきエネルギー転換の道筋を探った。このように環境社会学は、出来事が起こっている現場から出発し、被害者や生活者の視点に寄り添いつつ、環境問題の原因やその解決のあり方を批判的に論じてきた。

同時に環境社会学には、環境問題に関わる他の多くの分野と同様に、現実の問題解決を目指して研究を進める側面がある。環境社会学者の多くが、さまざまな現場で、現実の問題と格闘している。あるいは、現場で格闘する人びとに伴走している。そのことは環境社会学の大きな特徴である。環境運動や環境政策などと直接、間接に関わりながら探究を進めるケースも多い。

本シリーズの他巻の各章にも、環境社会学のこうした実践的な側面が随所に現れている。そもそも環境社会学は、実践的な営みから議論を組み立ててきたので、その理論と実践は分かちがたく結びついている。本書では、問題解決を志向する環境社会学の実践のありようを、問題のとらえ方から解決に向けての具体的な技法まで、現在の到達点として可能な限り系統的にカバーすることを企図した。

第1巻から第5巻までの各巻が、環境問題のジャンル別に環境社会学の主な知見を網羅した縦糸だとするなら、本書は横糸である。個別のジャンルにおける環境社会学の探究に共通した特徴として、実践的な側面を浮かび上がらせようとした。環境社会学を体系的に学ぼうとする読者の方々には、本書を読んだ後、改めてシリーズ他巻の各章の中に、複雑な問題を解決するための実践的なアプローチがどのように表れているかを探るような読み方も、試みていただけるものと思う。

本書では、一五人の環境社会学者が、書名のとおり「複雑な問題をどう解決すればよいのか」という共通テーマのもと、各々の実践の経験とそこから得た知見を持ち寄ることにした。それにより、環境社会学が培ってきた多面的な実践のあり方を、幅広い読者に紹介する本を作れるのではないかと考えた。

これから環境と社会の諸問題を本格的に学ぼう（学び直そう）とする方はもちろんのこと、自らが直面する「やっかいな問題」を、創造的により良い形で解決しようと試みる多くの方に本書が届き、役に立つことを願っている。

＊　＊

さて、この巻は『シリーズ 環境社会学講座』の最終巻に当たるので、このシリーズ全体の成立経緯について少し記しておきたい。

二〇一七年、環境社会学会の会長に就任した谷口吉光さん（第5巻編者）が、環境社会学の新しい講座の刊行を提案した。環境社会学会は一九九二年に設立されたが、当初から活発な研究活動が繰り広げられ、二一世紀に入ってすぐに、『講座 環境社会学』（全五巻、飯島伸子・鳥越皓之・長谷川公一・舩橋晴俊企画編集、有斐閣、二〇〇一年）と『シリーズ環境社会学』（全六巻、鳥越皓之企画編集、新曜社、二〇〇〇―二〇〇三年）を刊行した。しかしそれから二〇年近くが経ち、研究者もさらに増え、研究も大きく進展した。そこで新しい講座の必要性が唱えられた。

学会内部で慎重な検討をした結果、刊行が決まり、編集委員会は学会から独立する形で立ち上げられることとなった。そして、谷口吉光、宮内泰介、関礼子、湯浅陽一、植田今日子の五名で、二〇一九年一二月に最初の編集委員会が開かれた。その後、会合を重ねることになるが、ちょうど二〇二〇年に入って新型コロナウイルス感染症の流行が始まり、二回目以降の編集委員会はすべてオンラインで開かれることとなった。

私たちにとって悲痛だったのは、このプロセスの途中で、植田今日子さんが急逝したことだった。肺がんのために四七歳で亡くなった植田さんは、これからの環境社会学を支えていくはずの大事な人だったし、このシリーズの中核的な担い手になるはずの人だった。

植田さんがこのシリーズの構想へ向けて出してくれたさまざまな示唆を受け止めながら、私たちは、全六巻の構想を固めた。目指したのは、環境社会学が独自に力を発揮してきたテーマを重点的に取り上げながら、環境社会学の最新の成果について伝えることだった。学生、他分野研究者、そして政策決定者や実践家、一般読者に、環境社会学の視点の重要性が十分に伝わるようなシリーズを目指した。

その後、編集委員会には藤川賢、友澤悠季、茅野恒秀、青木聡子、原口弥生、福永真弓、松村正治、三上直之が加わり、六巻それぞれの編者となった。それぞれの巻の編者が各巻の構想を練り、執筆者を集め、さらには、各巻ごとに何度も執筆者会議を開きながら、中身が固められていった。全六巻という大部のシリーズをお引き受けくださり、巻構成から各巻中身に至るまで、助言と配慮を惜しまなかった新泉社編集部の安喜健人さんへは、心から感謝申し上げたい。

なお、本書(第6巻)の出版に際しては、北海道大学大学院文学研究院出版助成を受けた。記して感謝します。

二〇二四年一月

宮内泰介
三上直之

文献一覧

序章

佐藤哲［2016］『フィールドサイエンティスト――地域環境学という発想』東京大学出版会.

Brown, Valerie A., John A. Harris and Jacqueline Y. Russell [2010], *Tackling Wicked Problems: Through the Transdisciplinary Imagination*, London: Earthscan.

Rittel, Horst W. J. and Melvin M. Webber [1973], "Dilemmas in a general theory of planning," *Policy Sciences*, 4(2): 155–169.

第1章

熊本博之［2021］『交差する辺野古――問いなおされる自治』勁草書房.

熊本博之［2022］『辺野古入門』ちくま新書.

辺野古区編纂委員会編［1998］『辺野古誌』辺野古区事務所.

松井健［1998］「マイナー・サブシステンスの世界――民俗世界における労働・自然・身体」，篠原徹編『現代民俗学の視点 1　民俗の技術』朝倉書店，247–268頁.

第2章

池田寛二［2023］「コモンズとしての森林」，環境社会学会編『環境社会学事典』丸善出版，190–191頁.

泉英二［2018］「『森林経営管理法』を危惧する」，『季刊地域』35: 74–80.

岡橋清元［2014］『現場図解　道づくりの施工技術』全国林業改良普及協会.

小田切徳美［2014］『農山村は消滅しない』岩波新書.

片山傑士・佐藤宣子［2017］「『地域おこし協力隊』制度による林業への新規参入者の特徴と受入自治体の支援策」，『九州森林研究』70: 7–10.

玄田有史［2021］「地方創生と地域の希望学」，『学術の動向』26(2): 16–20.

興梠克久［2014］「再々燃する自伐林家論――自伐林家の歴史的性格と担い手としての評価」，［佐藤・興梠・家中編 2014: 85–127頁］.

佐藤仁［2016］『野蛮から生存の開発論――越境する援助のデザイン』ミネルヴァ書房.

佐藤宣子［2014］「地域再生のための『自伐林業』論」，［佐藤・興梠・家中編 2014: 11–84頁］.

佐藤宣子［2016］「2000年代以降の森林・林業政策と山村――森林計画制度を中心に」，

『年報村落社会研究』52: 31–58.
佐藤宣子［2020］『地域の未来・自伐林業で定住化を図る――技術，経営，継承，仕事術を学ぶ旅』全国林業改良普及協会.
佐藤宣子・鎌田磨人・家中茂編［2024］『森からひらく地域の未来――続・林業新時代』農山漁村文化協会（近刊）.
佐藤宣子・興梠克久・家中茂編［2014］『シリーズ地域の再生 18　林業新時代――「自伐」がひらく農林家の未来』農山漁村文化協会.
田村典江［2021］「後発林業地の市町村林政と自伐型林業――島根県津和野町の事例から」，『林業経済』74(3): 1–16.
智頭町［2000］「智頭の山と暮らしの未来ビジョン」.
（https://www1.town.chizu.tottori.jp/photolib/chizu_sanson/18750.pdf）［最終アクセス日：2023年12月10日］
智頭林業聞き書きプロジェクト［2020］『智頭の山の仕事師たち――智頭林業聞き書き』智頭町（今井出版発売）.
鳥越皓之［1994］『地域自治会の研究――部落会・町内会・自治会の展開過程』ミネルヴァ書房.
中澤皓次［2019］「地区振興協議会で『創造的昔帰り』」，寺谷篤志・澤田廉路・平塚伸治編『創発的営み――地方創生へのしるべ　鳥取県智頭町発』今井印刷（今井出版発売），51–78頁.
名和田是彦［2021］『自治会・町内会と都市内分権を考える』東信堂.
野田邦弘・小泉元宏・竹内潔・家中茂編［2020］『アートがひらく地域のこれから――クリエイティビティを生かす社会へ』ミネルヴァ書房.
星寛治［2019］『自分史――いのちの磁場に生きる　北の農民自伝』アサヒグループホールディングス（清水弘文堂書房発売）.
南博・稲場雅紀［2020］『SDGs――危機の時代の羅針盤』岩波新書.
村田周祐［2019］「住民組織と地域生活」，家中茂・藤井正・小野達也・山下博樹編『地域政策入門――地域創造の時代に』新版，ミネルヴァ書房，40–43頁.
村田周祐［2022］「移動の時代におけるムラの重層的な生活保障のしくみ――宮城県七ヶ宿町湯原と千葉県鴨川市大浦の知恵に学ぶ」，『年報村落社会研究』58: 43–85.
家中茂［2012］「里海の多面的関与と多機能性――沖縄県恩納村漁協の実践から」，松井健・野林厚志・名和克郎編『生業と生産の社会的布置――グローバリゼーションの民族誌のために』岩田書院，89–121頁.
家中茂［2013］「自治体行政の挑戦――鳥取県智頭町『みどりの風が吹く疎開のまち』か

ら」，小田切徳美・藤山浩編『シリーズ地域の再生 15　地域再生のフロンティア――中国山地から始まるこの国の新しいかたち』農山漁村文化協会，189–223頁.
家中茂［2014］「運動としての自伐林業――地域社会・森林生態系・過去と未来に対する『責任ある林業』へ」，［佐藤・興梠・家中編 2014: 153–292頁］.
家中茂［2018］「居住者の視点から森林・林業をとらえ直す――アンダーユースの環境問題への所有論的アプローチ」，鳥越皓之・足立重和・金菱清編『生活環境主義のコミュニティ分析――環境社会学のアプローチ』ミネルヴァ書房，421–441頁.

◆第3章

高橋統一［1994］『村落社会の近代化と文化伝統――共同体の存続と変容』岩田書院.
藤井誠一郎［2013］『住民参加の現場と理論――鞆の浦，景観の未来』公人社.
宮本常一［1984］『忘れられた日本人』岩波文庫.
宮本常一［2001 (1965)］『瀬戸内海の研究――島嶼の開発とその社会形成―海人の定住を中心に』未來社.
森久聡［2016］『〈鞆の浦〉の歴史保存とまちづくり――環境と記憶のローカル・ポリティクス』新曜社.
森久聡編［2019］「歴史遺産の保存と観光資源化における政治過程の比較都市社会学(1)――2019年度鞆の浦調査報告書」京都女子大学現代社会学部森久研究室.

◆コラムA

岩井雪乃［2017］『ぼくの村がゾウに襲われるわけ．――野生動物と共存するってどんなこと?』合同出版.
岩井雪乃［2018］「アフリカゾウによる農作物被害とその対策――農民による命がけの追い払い」，『アフリカレポート』56: 93–99.
King, Lucy E., Anna Lawrence, Iain Douglas-Hamilton and Fritz Vollrath [2009], “Beehive fence deters crop-raiding elephants,” *African Journal of Ecology*, 47(2): 131–137.

◆第4章

赤星心［2004］「『獣害問題』におけるむら人の『言い分』――滋賀県志賀町K村を事例として」，『村落社会研究』10(2): 43–54.
井上雅央［2002］『山の畑をサルから守る――おもしろ生態とかしこい防ぎ方』農山漁村文化協会.
鈴木克哉［2007］「下北半島の猿害問題における農家の複雑な被害認識とその可変性――

多義的農業における獣害対策のジレンマ」,『環境社会学研究』13: 189–193.
鈴木克哉［2008］「野生動物との軋轢はどのように解消できるか?――地域住民の被害認識と獣害の問題化プロセス」,『環境社会学研究』14: 55–69.
鈴木克哉［2009］「半栽培と獣害管理――人と野生動物の多様なかかわりにむけて」，宮内泰介編『半栽培の環境社会学――これからの人と自然』昭和堂，201–226頁.
鈴木克哉［2013］「なぜ獣害対策はうまくいかないのか――獣害問題における順応的ガバナンスに向けて」，宮内泰介編『なぜ環境保全はうまくいかないのか――現場から考える「順応的ガバナンス」の可能性』新泉社，48–75頁.
鈴木克哉［2017］「『獣がい』を共生と農村再生へ昇華させるプロセスづくり――『獣害』対策から『獣がい』へずらしてつくる地域の未来と中間支援の必要性」，宮内泰介編『どうすれば環境保全はうまくいくのか――現場から考える「順応的ガバナンス」の進め方』新泉社，160–188頁.
丸山康司［1997］「『自然保護』再考――青森県脇野沢村における『北限のサル』と『山猿』」,『環境社会学研究』3: 149–164.
室山泰之［2003］『里のサルとつきあうには――野生動物の被害管理』京都大学学術出版会.
Suzuki, Katsuya and Yasuyuki Muroyama [2010], "Resolution of Human-Macaque Conflicts: Changing from Top-Down to Community-Based Damage Management," in Naofumi Nakagawa, Masayuki Nakamichi and Hideki Sugiura eds., *The Japanese Macaques*, Tokyo: Springer, pp. 359–373.

●第5章

淺野悟史［2022］『地域の〈環境ものさし〉――生物多様性保全の新しいツール』昭和堂.
加藤潤三［2009］「農家の環境配慮行動の促進」,［和田監修・谷内ほか編 2009: 339–356頁］.
岸由二［2002］「流域とは何か」，木平勇吉編『流域環境の保全』朝倉書店，70–77頁.
田中拓弥［2009］「住民が愛着を持つ水辺環境の可視化」,［和田監修・谷内ほか編 2009: 313–334頁］.
箒木蓬生［2017］『ネガティブ・ケイパビリティ――答えの出ない事態に耐える力』朝日選書.
原塑［2015］「科学コミュニケーション――一方向型から対話型へ」，楠見孝・道田泰司編『批判的思考――21世紀を生きぬくリテラシーの基盤』新曜社，198–203頁.
広瀬幸雄［1995］『環境と消費の社会心理学――共益と私益のジレンマ』名古屋大学出版会.

舩橋晴俊［1998］「環境問題の未来と社会変動——社会の自己破壊性と自己組織性」，舩橋晴俊・飯島伸子編『講座社会学 12　環境』東京大学出版会，191–224頁．

松下和夫・大野智彦［2007］「環境ガバナンス論の新展開」，松下和夫編『環境ガバナンス論』京都大学学術出版会，3–31頁．

脇田健一・谷内茂雄・奥田昇編［2020］『流域ガバナンス——地域の「しあわせ」と流域の「健全性」』京都大学学術出版会．

和田英太郎監修，谷内茂雄・脇田健一・原雄一・中野孝教・陀安一郎・田中拓弥編［2009］『流域環境学——流域ガバナンスの理論と実践』京都大学学術出版会．

◆第6章

佐藤哲［2016］『フィールドサイエンティスト——地域環境学という発想』東京大学出版会．

佐藤哲［2021］「SDGsを支える科学——トランスディシプリナリー科学の理論と実践」，『生存科学』32(1): 23–31.

世界科学者会議［1999］「科学と科学的知識の利用に関する世界宣言」，文部科学省（科学技術・学術審議会）ウェブサイト．

（https://www.mext.go.jp/b_menu/shingi/gijyutu/gijyutu4/siryo/attach/1298594.htm）

［最終アクセス日：2022年3月31日］

ぺムバ，ダイロ・中川千草・佐藤哲［2018］「生業から創発するイノベーション——マラウィ湖の自然資源管理」，佐藤哲・菊地直樹編『地域環境学——トランスディシプリナリー・サイエンスへの挑戦』東京大学出版会，135–153頁．

松田裕之・牧野光琢・イリニ・イオアナ・ヴラホプル［2018］「地域の知と知床世界遺産——知床の漁業者と研究者」，佐藤哲・菊地直樹編『地域環境学——トランスディシプリナリー・サイエンスへの挑戦』東京大学出版会，60–75頁．

宮内泰介［2018］「順応的なプロセス管理——持続可能な地域社会への取り組み」，佐藤哲・菊地直樹編『地域環境学——トランスディシプリナリー・サイエンスへの挑戦』東京大学出版会，157–169頁．

宮内泰介編［2013］『なぜ環境保全はうまくいかないのか——現場から考える「順応的ガバナンス」の可能性』新泉社．

Abson, David J., Joern Fischer, Julia Leventon, Jens Newig, Thomas Schomerus, Ulli Vilsmaier, Henrik von Wehrden, Paivi Abernethy, Christopher D. Ives, Nicolas W. Jager and Daniel J. Lang [2017], “Leverage points for sustainability transformation,” *Ambio*, 46(1): 30–39.

Berkes, Fikret [1993], “Traditional Ecological Knowledge in Perspective,” in Julian T. Inglis ed., *Traditional Ecological Knowledge: Concepts and Cases*, Ottawa: International Program

on Traditional Ecological Knowledge and International Development Research Centre, pp. 1–10.

Berkes, Fikret, Johan Colding and Carl Folke eds. [2003], *Navigating Social-Ecological Systems: Building Resilience for Complexity and Change*, Cambridge, UK: Cambridge University Press.

Biggs, Reinette, Clint Rhode, Sally Archibald, Lucky M. Kunene, Shingirirai S. Mutanga, Nghamula Nkuna, Peter Omondi Ocholla and Lehlohonolo J. Phadima [2015], "Strategies for managing complex social-ecological systems in the face of uncertainty: examples from South Africa and beyond," *Ecology and Society*, 20(1): 52.

Gunderson, Lance and Stephen S. Light [2006], "Adaptive management and adaptive governance in the everglades ecosystem," *Policy Sciences*, 39(4): 323–334.

Hadorn, Hirsch G., Holger Hoffmann-Riem, Susette Biber-Klemm, Walter Grossenbacher-Mansuy, Dominique Joye, Christian Pohl, Urs Wiesmann and Elizabeth Zemp eds. [2008], *Handbook of Transdisciplinary Research*, Netherland: Springer.

Johannes, Robert E., Milton M. R. Freeman and Richard J. Hamilton [2000], "Ignore fishers' knowledge and miss the boat," *Fish and Fisheries*, 1(3): 257–271.

Lang, Daniel J., Arnim Wiek, Matthias Bergmann, Michael Stauffacher, Pim Martens, Peter Moll, Mark Swilling and Christopher J. Thomas [2012], "Transdisciplinary research in sustainability science: practice, principles, and challenges," *Sustainability Science*, 7(Supplement 1): 25–43.

Mauser, Wolfram, Gernot Klepper, Martin Rice, Bettina S. Schmalzbauer, Heide Hackmann, Rik Leemans and Howard Moore [2013], "Transdisciplinary global change research: the co-creation of knowledge for sustainability," *Current Opinion in Environmental Sustainability*, 5(3–4): 420–431.

Meadows, Donella [1999], *Leverage Points: Places to Intervene in a System*, Hartland, Vermont: The Sustainability Institute.

Pryshlakivsky, Jonathan and Cory Searcy [2013], "Sustainable Development as a Wicked Problem," in Samuel F. Kovacic and Andres Sousa-Poza eds., *Managing and Engineering in Complex Situations*, Topics in Safety, Risk, Reliability and Quality, vol. 21, Dordrecht: Springer, pp. 109–128.

Sato, Tetsu [2014], "Integrated Local Environmental Knowledge Supporting Adaptive Governance of Local Communities," in Claude Alvares ed., *Multicultural Knowledge and the University*, Mapusa: Multiversity India, pp. 268–273.

Sato, Tetsu [2020], "Malawi and Japan: Community-based Innovations Driven by Small-scale Fishers in a Least Developed Country," in Yinji Li and Tamano Namikawa eds., *In the Era of Big Change: Essays about Japanese Small-scale Fisheries*, New Foundland: TBTI Global, pp. 320–328.

Sato, Tetsu, Ilan Chabay and Jennifer Helgeson [2018a], "Introduction," in Tetsu Sato, Ilan Chabay and Jennifer Helgeson eds., *Transformations of Social-Ecological Systems: Studies in Co-creating Integrated Knowledge Toward Sustainable Futures*, Singapore: Springer, pp. 1–7.

Sato, Tetsu, Ilan Chabay and Jennifer Helgeson [2018b], "Conclusion and Way Forward" in Tetsu Sato, Ilan Chabay and Jennifer Helgeson eds., *Transformations of Social-Ecological Systems: Studies in Co-creating Integrated Knowledge Toward Sustainable Futures*, Singapore: Springer, pp. 409–416.

Sato, Tetsu and Dylo Pemba [2022], "Villagers Managing Lake Fisheries Resources by Themselves: Mbenji Islands in Lake Malawi," in Shinichiro Kakuma, Tetsuo Yanagi and Tetsu Sato eds., *Satoumi Science: Co-creating Social-Ecological Harmony Between Human and the Sea*, Singapore: Springer, pp. 145–167.

Stevenson, Mark G. [1996], "Indigenous knowledge in environmental assessments," *Arctic*, 49: 278–291.

Sturgis, Patrick and Nick Allum [2004], "Science in society: re-evaluating the deficit model of public attitudes," *Public Understanding of Science*, 13(1): 55–74.

Tajima, Hidetomo, Tetsu Sato, Shion Takemura, Juri Hori, Mitsutaku Makino, Dorothea Agnes Rampisela, Motoko Shimagami, John Banana Matewere and Brighten Ndawala [2022a], "Autonomous Innovations in the Rural Communities of Developing Countries I—A Narrative Analysis of Innovations and Synergies for Integrated Natural Resource Management," *Sustainability*, 14(18): 11659.

Tajima, Hidetomo, Shion Takemura, Juri Hori, Mitsutaku Makino and Tetsu Sato [2022b], "Autonomous Innovations in Rural Communities in Developing Countries III—Leverage Points of Innovations and Enablers of Social-Ecological Transformation," *Sustainability*, 14(19): 12192.

Takemura, Shion, Hidetomo Tajima, Juri Hori, Mitsutaku Makino, John Banana Matewere, Dorothea Agnes Rampisela and Tetsu Sato [2022], "Autonomous Innovations in Rural Communities of Developing Countries II—Causal Network and Leverage Point Analyses of Transformations," *Sustainability*, 14(19): 12054.

Wiek, Arnim and Daniel J. Lang [2016], "Transformational Sustainability Research Methodology," in Harald Heinrichs, Pim Martens, Gerd Michelsen and Arnim Wiek eds., *Sustainability Science, An Introduction*, Dordrecht: Springer, pp. 31–41.

◆第7章

五十嵐泰正・「安全・安心の柏産柏消」円卓会議［2012］『みんなで決めた「安心」のかたち——ポスト3.11の「地産地消」をさがした柏の一年』亜紀書房.

板倉聖宣［1969］『科学と方法——科学的認識の成立条件』季節社.

嘉田由紀子［2018］「琵琶湖をめぐる住民研究から滋賀県知事としての政治実践へ——生活環境主義の展開としての知事職への挑戦と今後の課題」,『環境社会学研究』24: 89–105.

菊地直樹［2017］『「ほっとけない」からの自然再生学——コウノトリ野生復帰の現場』京都大学学術出版会.

菊地直樹・敷田麻実・豊田光世・清水万由子［2017］「自然再生の活動プロセスを社会的に評価する——社会的評価ツールの試み」, 宮内泰介編『どうすれば環境保全はうまくいくのか——現場から考える「順応的ガバナンス」の進め方』新泉社, 248–277頁.

菅豊［2013］『「新しい野の学問」の時代へ——知識生産と社会実践をつなぐために』岩波書店.

茅野恒秀［2014］『環境政策と環境運動の社会学——自然保護問題における解決過程および政策課題設定メカニズムの中範囲理論』ハーベスト社.

にかほ市［2021］「にかほ市風力発電に係るゾーニング報告書」.

西城戸誠・原田俊［2019］『避難と支援——埼玉県における広域避難者支援のローカルガバナンス』新泉社.

平井太郎［2022］『地域でアクションリサーチ——話し合いが変わる』農山漁村文化協会.

古屋将太［2022］「メディエーターの戦略的媒介による地域の意思決定支援」, 丸山康司・西城戸誠編『どうすればエネルギー転換はうまくいくのか』新泉社, 264–285頁.

丸山康司［2005］「環境創造における社会のダイナミズム——風力発電事業へのアクターネットワーク理論の適用」,『環境社会学研究』11: 131–144.

丸山康司［2014］『再生可能エネルギーの社会化——社会的受容性から問いなおす』有斐閣.

丸山康司［2023］「エネルギー転換を可能にする社会イノベーション」, 茅野恒秀・青木聡子編『シリーズ 環境社会学講座 2　地域社会はエネルギーとどう向き合ってきたのか』新泉社, 235–253頁.

三上直之［2022］『気候民主主義――次世代の政治の動かし方』岩波書店.

水と文化研究会編［2000］『みんなでホタルダス――琵琶湖地域のホタルと身近な水環境調査』新曜社.

山下英俊［2021］「再生可能エネルギー推進と地域社会の持続――地球温暖化対策推進法における自治体の役割」，『環境と公害』51(2): 20–24.

Devine-Wright, Patrick [2005], "Beyond NIMBYism: towards an integrated framework for understanding public perceptions of wind energy," *Wind Energy*, 8(2): 125–139.

Haac, T. Ryan, Kenneth Kaliski, Matthew Landis, Ben Hoen, Joseph Rand, Jeremy Firestone, Debi Elliott, Gundula Hübner and Johannes Pohl [2019], "Wind turbine audibility and noise annoyance in a national U.S. survey: Individual perception and influencing factors," *The Journal of the Acoustical Society of America*, 146(2): 1124–1141.

IPCC (Intergovernmental Panel on Climate Change) [2021], *Climate Change 2021: The Physical Science Basis*, IPCC.

Mikami, Naoyuki [2022], "Empathy-Based Assistance and Its Transformative Role in the Adaptive and Recursive Pathways of Collaborative Governance," in Taisuke Miyauchi and Mayumi Fukunaga eds., *Adaptive Participatory Environmental Governance in Japan: Local Experiences, Global Lessons*, Singapore: Springer Nature Singapore, pp. 339–356.

Pohl, Johannes, Joachim Gabriel and Gundula Hübner [2018], "Understanding stress effects of wind turbine noise: The integrated approach," *Energy Policy*, 112: 119–128.

Renn, Ortwin [2008], "White Paper on Risk Governance: Toward an Integrative Framework," in Ortwin Renn and Katherine D. Walker eds., *Global Risk Governance: Concept and Practice Using the IRGC Framework*, Dordrecht: Springer Netherlands, pp. 3–73.

Renn, Ortwin and Andreas Klinke [2015], "Risk Governance and Resilience: New Approaches to Cope with Uncertainty and Ambiguity," in Urbano Fra.Paleo ed., *Risk Governance: The Articulation of Hazard, Politics and Ecology*, Dordrecht: Springer Netherlands, pp. 19–41.

Sovacool, Benjamin K. and Michael H. Dworkin [2014], *Global Energy Justice: Problems, Principles, and Practices*, Cambridge, UK: Cambridge University Press.

Touraine, Alain, Zsuzsa Hegedus, François Dubet et Michel Wieviorka [1980], *La Prophétie anti-nucléaire*, Paris : Seuil.（＝1984，伊藤るり訳『反原子力運動の社会学――未来を予言する人々』新泉社.）

Wüstenhagen, Rolf, Maarten Wolsink and Mary Jean Bürer [2007], "Social acceptance of renewable energy innovation: An introduction to the concept," *Energy Policy*, 35(5): 2683–2691.

◆コラムC
菊地直樹［2008］「コウノトリの野生復帰における『野生』」，『環境社会学研究』14: 86–100.
堀井秀之［2012］『社会技術論――問題解決のデザイン』東京大学出版会.
宮内泰介［2016］「政策形成における合意形成プロセスとしての市民調査――社会学的認識の活かし方」，『社会と調査』17: 38–44.

◆コラムD
嘉田由紀子［2012］『知事は何ができるのか――「日本病」の治療は地域から』風媒社.
嘉田由紀子［2018］「琵琶湖をめぐる住民研究から滋賀県知事としての政治実践へ――生活環境主義の展開としての知事職への挑戦と今後の課題」，『環境社会学研究』24: 89–105.
嘉田由紀子編［2021］『流域治水がひらく川と人との関係――2020年球磨川水害の経験に学ぶ』農山漁村文化協会.
佐藤哲［2016］『フィールドサイエンティスト――地域環境学という発想』東京大学出版会.
鳥越皓之編［1989］『環境問題の社会理論――生活環境主義の立場から』御茶の水書房.
鳥越皓之・嘉田由紀子編［1984］『水と人の環境史――琵琶湖報告書』御茶の水書房.
舩橋晴俊・長谷川公一・畠中宗一・勝田晴美［1985］『新幹線公害――高速文明の社会問題』有斐閣.
水と文化研究会編［2000］『みんなでホタルダス――琵琶湖地域のホタルと身近な水環境調査』新曜社.

◆第8章
気候市民会議さっぽろ2020実行委員会［2021］「気候市民会議さっぽろ2020最終報告書」.
（https://eprints.lib.hokudai.ac.jp/dspace/handle/2115/80604）［最終アクセス日：2023年12月3日］
札幌市［2022］「『札幌市気候変動対策行動計画』進行管理報告書（2020年速報値・2018年確定値）―資料編―」.
（https://www.city.sapporo.jp/kankyo/ondanka/kikouhendou_plan2020/kako/documents/02_2020_report_material.pdf）［最終アクセス日：2023年12月3日］
篠原一編［2012］『討議デモクラシーの挑戦――ミニ・パブリックスが拓く新しい政治』岩波書店.
曽根泰教・柳瀬昇・上木原弘修・島田圭介［2013］『「学ぶ，考える，話しあう」討論型世

論調査――議論の新しい仕組み』木楽舎.
田村哲樹［2021］「『意見の分かれ』をどう考えるか」，［気候市民会議さっぽろ2020実行委員会 2021: 64–65頁］.
茅野恒秀［2009］「プロジェクト・マネジメントと環境社会学――環境社会学は組織者になれるか，再論」，『環境社会学研究』15: 25–38.
舩橋晴俊［1998］「環境問題の未来と社会変動――社会の自己破壊性と自己組織性」，舩橋晴俊・飯島伸子編『講座社会学 12　環境』東京大学出版会，191–224頁.
舩橋晴俊［2013］「震災問題対処のために必要な政策議題設定と日本社会における制御能力の欠陥」，『社会学評論』64(3): 342–365.
丸山康司・西城戸誠編［2022］『どうすればエネルギー転換はうまくいくのか』新泉社.
三上直之［2005］「環境社会学における参加型調査の可能性――三番瀬『評価ワークショップ』の事例から」，『環境社会学研究』11: 117–130.
三上直之［2007］「実用段階に入った参加型テクノロジーアセスメントの課題――北海道『GMコンセンサス会議』の経験から」，『科学技術コミュニケーション』1: 84–95.
三上直之［2020］「気候変動と民主主義――欧州で広がる気候市民会議」，『世界』933: 174–183.
三上直之［2022a］「気候民主主義へ――地域発・若者発の転換」，『世界』952: 175–185.
三上直之［2022b］『気候民主主義――次世代の政治の動かし方』岩波書店.
柳瀬昇［2015］『熟慮と討議の民主主義理論――直接民主制は代議制を乗り越えられるか』ミネルヴァ書房.
渡辺稔之［2007］「GM条例の課題と北海道におけるコンセンサス会議の取り組み」，『科学技術コミュニケーション』1: 73–83.
Elstub, Stephen and Oliver Escobar eds. [2019], *Handbook of Democratic Innovation and Governance*, Cheltenham: Edward Elgar.
Habermas, Jürgen [1983], *Moralbewußtsein und Kommunikatives Handeln*, Frankfurt am Main: Suhrkamp.（＝2000，三島憲一・中野敏男・木前利秋訳『道徳意識とコミュニケーション行為』岩波書店.）
Habermas, Jürgen [1992], *Faktizität und Geltung: Beiträge zur Diskurstheorie des Rechts und des demokratischen Rechtsstaats*, Frankfurt am Main: Suhrkamp.（＝2002–2003，河上倫逸・耳野健二訳『事実性と妥当性――法と民主的法治国家の討議理論にかんする研究』上・下，未來社.）
Mikami, Naoyuki [2015], "Public Participation in Decision-Making on Energy Policy: The Case of the 'National Discussion' After the Fukushima Accident," in Yuko Fujigaki ed.,

Lessons from Fukushima: Japanese Case Studies on Science, Technology and Society, Cham: Springer, pp. 87–122.
OECD Open Government Unit [2020], *Innovative Citizen Participation and New Democratic Institutions: Catching the Deliberative Wave*, Paris: OECD Publishing.（＝2023, 日本ミニ・パブリックス研究フォーラム訳『世界に学ぶミニ・パブリックス――くじ引きと熟議による民主主義のつくりかた』学芸出版社.）

◆第9章

青木聡子［2013］『ドイツにおける原子力施設反対運動の展開――環境志向型社会へのイニシアティヴ』ミネルヴァ書房.
青木聡子［2023a］「原発に抗う人びと――芦浜原発反対運動にみる住民の闘いと市民の支援」，茅野恒秀・青木聡子編『シリーズ 環境社会学講座 2　地域社会はエネルギーとどう向き合ってきたのか』新泉社，146–167頁.
青木聡子［2023b］「上手な運動の終い方？――オラリティと承認の多元性」，関礼子編『語り継ぐ経験の居場所――排除と構築のオラリティ』新曜社，45–75頁.
淺野敏久［2008］『宍道湖・中海と霞ヶ浦――環境運動の地理学』古今書院.
飯島伸子［1984］『環境問題と被害者運動』学文社.
飯島伸子［2001］「環境社会学の成立と発展」，飯島伸子・鳥越皓之・長谷川公一・舩橋晴俊編『講座 環境社会学 第1巻　環境社会学の視点』有斐閣，1–28頁.
牛山久仁彦［2003］「市民運動の変容とNPOの射程――自治・分権化の要求と政策課題への影響力の行使をめぐって」，矢澤修次郎編『講座社会学 15　社会運動』東京大学出版会，157–178頁.
大畑裕嗣［2004］「モダニティの変容と社会運動」，曽良中清司・長谷川公一・町村敬志・樋口直人編『社会運動という公共空間――理論と方法のフロンティア』成文堂，156–189頁.
帯谷博明［2004］『ダム建設をめぐる環境運動と地域再生――対立と協働のダイナミズム』昭和堂.
片桐新自［1995］『社会運動の中範囲理論――資源動員論からの展開』東京大学出版会.
佐藤慶幸［1996］『女性と協同組合の社会学――生活クラブからのメッセージ』文眞堂.
富井久義［2017］「森林ボランティア活動における社会的意義の語られかた――都市住民が形成するコモンズとしての鳩ノ巣フィールド」，『環境社会学研究』23: 99–113.
西城戸誠［2008］『抗いの条件――社会運動の文化的アプローチ』人文書院.
長谷川公一［1996］『脱原子力社会の選択――新エネルギー革命の時代』新曜社.

長谷川公一［2003］『環境運動と新しい公共圏――環境社会学のパースペクティブ』有斐閣.
藤井敦史［2007］「ボランタリー・セクターの再編過程と『社会的企業』――イギリスの社会的企業調査をふまえて」,『社会政策研究』7: 85–107.
舩橋晴俊［1995］「環境問題への社会学的視座――『社会的ジレンマ論』と『社会制御システム論』」,『環境社会学研究』1: 5–20.
松村正治［2007］「里山ボランティアにかかわる生態学的ポリティクスへの抗い方――身近な環境調査による市民デザインの可能性」,『環境社会学研究』13: 143–157.
宮内泰介［2013］「なぜ環境保全はうまくいかないのか――順応的ガバナンスの可能性」,宮内泰介編『なぜ環境保全はうまくいかないのか――現場から考える「順応的ガバナンス」の可能性』新泉社, 14–28頁.
宮内泰介［2017］「どうすれば環境保全はうまくいくのか――順応的なプロセスを動かし続ける」, 宮内泰介編『どうすれば環境保全はうまくいくのか――現場から考える「順応的ガバナンス」の進め方』新泉社, 14–28頁.
Giugni, Marco and Lorenzo Bosi [2012], "The Impact of Protest Movements on the Establishment: Dimensions, Models, and Approaches," in Kathrin Fahlenbrach, Martin Klimke, Joachim Scharloth and Laura Wong eds., *The Establishment Responds: Power, Politics, and Protest since 1945*, New York: Palgrave Macmillan.

◆第10章

井上真［1999］「地域研究の方法序説――メタファーとしての総合格闘技」,『エコソフィア』3: 62–70.
井上真［2014］「黒子の環境社会学――地域実践, 国家政策, 国際条約をつなぐ」,『環境社会学研究』20: 17–36.
谷口吉光［1999］「地域における環境問題へのアプローチ」, 舩橋晴俊・古川彰編『環境社会学入門――環境問題研究の理論と技法』文化書房博文社, 153–180頁.
茅野恒秀［2020］「集落はなぜ共有地をメガソーラー事業に供する意思決定を行ったのか――霧ヶ峰麓の環境史・開発史からの考察」,『信州大学人文科学論集』7(2): 99–123.
茅野恒秀［2022］「『土地問題』としてのメガソーラー問題」, 丸山康司・西城戸誠編『どうすればエネルギー転換はうまくいくのか』新泉社, 83–101頁.
茅野恒秀・湯浅陽一編［2020］『環境問題の社会学――環境制御システムの理論と応用』東信堂.
堂目卓生・山崎吾郎編［2022］『やっかいな問題はみんなで解く』世界思想社.

土場学［2008］「公共性の社会学／社会学の公共性――ブラウォイの『公共社会学』の構想をめぐって」，『法社会学』68: 51–64.
鳥越皓之［2004］『環境社会学――生活者の立場から考える』東京大学出版会.
鳥越皓之・嘉田由紀子編［1984］『水と人の環境史――琵琶湖報告書』御茶の水書房.
平井太郎［2022］『地域でアクションリサーチ――話し合いが変わる』農山漁村文化協会.
舩橋晴俊［2018］『社会制御過程の社会学』東信堂.
宮内泰介［2003］「環境問題の解決のために」，舩橋晴俊・宮内泰介編『環境社会学』新訂，放送大学教育振興会，286–296頁.
宮内泰介編［2017］『どうすれば環境保全はうまくいくのか――現場から考える「順応的ガバナンス」の進め方』新泉社.
矢守克也［2010］『アクションリサーチ――実践する人間科学』新曜社.
脇田健一［2009］「『環境ガバナンスの社会学』の可能性――環境制御システム論と生活環境主義の狭間から考える」，『環境社会学研究』15: 5–24.
Brown, Valerie A., John A. Harris and Jacqueline Y. Russell [2010], *Tackling Wicked Problems: Through the Transdisciplinary Imagination*, London: Earthscan.
Burawoy, Michael [2005], "For Public Sociology," *American Sociological Review*, 70(1): 4–28.
Merton, Robert K. [1957], *Social Theory and Social Structure*, New York: The Free Press.（＝1961，森東吾・森好夫・金沢実・中島竜太郎訳『社会理論と社会構造』みすず書房.）

◉終章

藤川賢・友澤悠季［2023］「公害はなぜ続くのか――不可視化される被害と加害」，藤川賢・友澤悠季編『シリーズ 環境社会学講座 1　なぜ公害は続くのか――潜在・散在・長期化する被害』新泉社，12–27頁.
Rittel, Horst W. J. and Melvin M. Webber [1973], "Dilemmas in a general theory of planning," *Policy Sciences*, 4(2): 155–169.

岩井雪乃（いわいゆきの）＊コラムA
早稲田大学平山郁夫記念ボランティアセンター准教授.
主要業績：『ぼくの村がゾウに襲われるわけ．——野生動物と共存するってどんなこと？』（合同出版，2017年），「アフリカゾウによる農作物被害とその対策——農民による命がけの追い払い」（『アフリカレポート』56，2018年）.

山下博美（やましたひろみ）＊コラムB
立命館アジア太平洋大学アジア太平洋学部教授.
主要業績：「湿地と地域づくり」（環境社会学会編『環境社会学事典』丸善出版，2023年），*Coastal Wetlands Restoration: Public Perception and Community Development* (editor, Routledge, 2022).

菊地直樹（きくちなおき）＊コラムC
金沢大学先端観光科学研究所教授.
主要業績：『蘇るコウノトリ——野生復帰から地域再生へ』（東京大学出版会，2006年），『「ほっとけない」からの自然再生学——コウノトリ野生復帰の現場』（京都大学学術出版会，2017年）.

嘉田由紀子（かだゆきこ）＊コラムD
参議院議員，元滋賀県知事.
主要業績：『流域治水がひらく川と人との関係——2020年球磨川水害の経験に学ぶ』（編著，農山漁村文化協会，2021年），『命をつなぐ政治を求めて——人口減少・災害多発時代に対する〈新しい答え〉』（風媒社，2019年）.

脇田健一（わきたけんいち）＊第5章
龍谷大学社会学部教授.
主要業績：『流域ガバナンス――地域の「しあわせ」と流域の「健全性」』（谷内茂雄・奥田昇と共編著，京都大学学術出版会，2020年），「『環境ガバナンスの社会学』の可能性――環境制御システム論と生活環境主義の狭間から考える」（『環境社会学研究』15，2009年）.

佐藤 哲（さとうてつ）＊第6章
愛媛大学SDGs推進室特命教授.
主要業績：『フィールドサイエンティスト――地域環境学という発想』（東京大学出版会，2016年），『地域環境学――トランスディシプリナリー・サイエンスへの挑戦』（菊地直樹と共編著，東京大学出版会，2018年）.

丸山康司（まるやまやすし）＊第7章
名古屋大学大学院環境学研究科教授.
主要業績：『どうすればエネルギー転換はうまくいくのか』（西城戸誠と共編著，新泉社，2022年），『再生可能エネルギーの社会化――社会的受容性から問いなおす』（有斐閣，2014年）.

青木聡子（あおきそうこ）＊第9章
東北大学大学院文学研究科准教授.
主要業績：『ドイツにおける原子力施設反対運動の展開――環境志向型社会へのイニシアティヴ』（ミネルヴァ書房，2013年），『シリーズ 環境社会学講座 2　地域社会はエネルギーとどう向き合ってきたのか』（茅野恒秀と共編著，新泉社，2023年）.

茅野恒秀（ちのつねひで）＊第10章
信州大学人文学部准教授.
主要業績：『シリーズ 環境社会学講座 2　地域社会はエネルギーとどう向き合ってきたのか』（青木聡子と共編著，新泉社，2023年），『環境問題の社会学――環境制御システムの理論と応用』（湯浅陽一と共編著，東信堂，2020年）.

●執筆者

熊本博之（くまもとひろゆき）＊第1章
明星大学人文学部教授．
主要業績：『交差する辺野古――問いなおされる自治』（勁草書房，2021年），『辺野古入門』（ちくま新書，2022年）．

家中　茂（やなかしげる）＊第2章
鳥取大学地域学部特任教授．
主要業績：『地域政策入門――地域創造の時代に』（新版，藤井正・小野達也・山下博樹と共編著，ミネルヴァ書房，2019年），『アートがひらく地域のこれから――クリエイティビティを生かす社会へ』（野田邦弘・小泉元宏・竹内潔と共編著，ミネルヴァ書房，2020年）．

森久　聡（もりひささとし）＊第3章
京都女子大学現代社会学部准教授．
主要業績：『社会学で読み解く文化遺産――新しい研究の視点とフィールド』（木村至聖と共編著，新曜社，2020年），『〈鞆の浦〉の歴史保存とまちづくり――環境と記憶のローカル・ポリティクス』（新曜社，2016年）．

鈴木克哉（すずきかつや）＊第4章
特定非営利活動法人里地里山問題研究所代表理事．
主要業績：「『獣がい』を共生と農村再生へ昇華させるプロセスづくり――『獣害』対策から『獣がい』へずらしてつくる地域の未来と中間支援の必要性」（宮内泰介編『どうすれば環境保全はうまくいくのか――現場から考える「順応的ガバナンス」の進め方』新泉社，2017年），「地域が主体となった獣害対策のこれからの課題――地域を動かす共有目標とプロセスのデザイン」（『野生生物と社会』1(2)，2014年）．

編者・執筆者紹介

◆編者

宮内泰介（みやうちたいすけ）＊序章，終章
北海道大学大学院文学研究院教授.
主要業績：『コモンズをささえるしくみ――レジティマシーの環境社会学』（編著，新曜社，2006年），『半栽培の環境社会学――これからの人と自然』（編著，昭和堂，2009年），『なぜ環境保全はうまくいかないのか――現場から考える「順応的ガバナンス」の可能性』（編著，新泉社，2013年），『どうすれば環境保全はうまくいくのか――現場から考える「順応的ガバナンス」の進め方』（編著，新泉社，2017年），『歩く，見る，聞く　人びとの自然再生』（岩波新書，2017年），『実践　自分で調べる技術』（上田昌文と共著，岩波新書，2020年）.

三上直之（みかみなおゆき）＊第8章，終章
名古屋大学大学院環境学研究科教授.
主要業績：『気候民主主義――次世代の政治の動かし方』（岩波書店，2022年），『リスク社会における市民参加』（八木絵香と共編著，放送大学教育振興会，2021年），『「ゲノム編集作物」を話し合う』（立川雅司と共著，ひつじ書房，2019年），『世界に学ぶミニ・パブリックス――くじ引きと熟議による民主主義のつくりかた』（日本ミニ・パブリックス研究フォーラムとして共訳，OECD Open Government Unit 著，学芸出版社，2023年）.

シリーズ　環境社会学講座　刊行にあたって

気候変動、原子力災害、生物多様性の危機――、現代の環境問題は、どれも複雑な広がり方をしており、どこからどう考えればよいのか、手がかりさえもつかみにくいものばかりです。問題の難しさは、科学技術に対するやみくもな期待や、あるいは逆に学問への不信感なども生み、社会的な亀裂や分断を深刻化させています。

こうした状況にあって、人びとが生きる現場の混沌のなかから出発し、絶えずそこに軸足を据えつつ、環境問題とその解決の道を複眼的にとらえて思考する学問分野、それが環境社会学です。

環境社会学の特徴は、批判性と実践性の両面を兼ね備えているところにあります。例えば、「公害は過去のもの」という一般的な見方を環境社会学はくつがえし、それがどう続いていて、なぜ見えにくくなってしまっているのか、その構造を批判的に明らかにしてきました。同時に環境社会学では、研究者自身が、他の多くの利害関係者とともに環境問題に直接かかわり、一緒に考える実践も重ねてきました。

一貫しているのは、現場志向であり、生活者目線です。環境や社会の持続可能性をおびやかす諸問題に対して、いたずらに無力感にとらわれることなく、地に足のついた解決の可能性を探るために、環境社会学の視点をもっと生かせるはずだ、そう私たちは考えます。

『講座　環境社会学』（全五巻、有斐閣、二〇〇一年）、『シリーズ環境社会学』（全六巻、新曜社、二〇〇〇―二〇〇三年）が刊行されてから二〇年。私たちは、大きな広がりと発展を見せた環境社会学の成果を伝えたいと、新しい出版物の発刊を計画し、議論を重ねてきました。

そして、ここに全六巻の『シリーズ　環境社会学講座』をお届けできることになりました。環境と社会の問題を学ぶ学生、環境問題の現場で格闘している実践家・専門家、また多くの関心ある市民に、このシリーズを手に取っていただき、ともに考え実践する場が広がっていくことを切望しています。

シリーズ　環境社会学講座　編集委員一同

シリーズ　環境社会学講座　6
複雑な問題をどう解決すればよいのか
――環境社会学の実践

2024年3月10日　初版第1刷発行©

編　者＝宮内泰介，三上直之
発行所＝株式会社 新 泉 社
〒113-0034　東京都文京区湯島1－2－5　聖堂前ビル
TEL 03(5296)9620　FAX 03(5296)9621
印刷・製本　萩原印刷
ISBN 978-4-7877-2406-9　C1336　Printed in Japan